给青少年讲化学

化 学

高 鹏 著

清华大学出版社
北 京

图书在版编目（CIP）数据

给青少年讲化学 / 高鹏著.— 北京：清华大学出版社，2023.10
ISBN 978-7-302-64816-1

Ⅰ.①给… Ⅱ.①高… Ⅲ.①化学—青少年读物 Ⅳ.①O6-49

中国国家版本馆CIP数据核字（2023）第206145号

责任编辑：刘　杨
封面设计：何凤霞
责任校对：薄军霞
责任印制：宋　林

出版发行：清华大学出版社
　　　　网　　　址：https://www.tup.com.cn, https://www.wqxuetang.com
　　　　地　　　址：北京清华大学学研大厦A座　　邮　　编：100084
　　　　社 总 机：010-83470000　　　　　　　邮　　购：010-62786544
　　　　投稿与读者服务：010-62776969, c-service@tup.tsinghua.edu.cn
　　　　质量反馈：010-62772015, zhiliang@tup.tsinghua.edu.cn
印 装 者：涿州市般润文化传播有限公司
经　　销：全国新华书店
开　　本：165mm×235mm　　**印　张：**15.5　　**字　数：**169千字
版　　次：2023年10月第1版　　　　　　　　**印　次：**2023年10月第1次印刷
定　　价：59.00元

产品编号：093133-01

自　序

　　记得上初中的时候，老师们在课堂上常说的一句话就是："学好数理化，走遍天下都不怕。"当时虽然不知道数理化为什么有这么神奇的作用，但这句话却深深地印在了我的脑海里，督促我认真学习数理化。慢慢地，我是发自内心地喜欢上了数理化，因为数理化让我感受到了认识世界的乐趣。无论是自然界的各种现象，还是生活中的各种事物，当你知道它们是怎么回事的时候，除了能满足你的好奇心，还能增强你的自信心，因为，这个世界对你而言不再神秘。我想，这就是"走遍天下都不怕"的原因吧。

　　数理化是整个自然科学的基础，化学的重要性不言而喻。可以说，现代人完全处在一个化学的世界里，吃、穿、住、行，样样离不开化学。虽然我们从初中就开始学习化学，但是，很多人直到大学毕业也没有了解化学的全貌。究其原因，主要是因为化学的体系太过庞杂，化学的发展错综复杂，化学的应用又太过广泛，想要了解其全貌，要学习非常多的课程，非专业人士很难有时间去一一钻研。

我在大学里读的是化工专业，现在从事的也是化学方面的教学与研究工作。从上大学开始算起，我与化学打交道已经超过20年，非常希望把自己多年来的点滴积累写出来和读者朋友们分享，让大家了解化学，认识化学，感受化学之美。

本书以人类对化学逐渐深入的认识和化学的发展应用为主线，把历史、人物、知识、故事和科学思维有机地串联在一起，从化学大厦的地基开始，带领读者一层层往上攀爬，每一层都有不同的风光，每一层都有"更上一层楼"的收获。为了能让读者朋友们用最短的时间得到最大的收获，我抛弃了长篇大论，采用一段一段的微内容来拼接知识。这种形式的编排阅读起来十分轻松，两三分钟就能看一段，随时翻看几段就能有所收获。当然，本书的各个章节既可以独立成篇，也是前后连贯、层层递进的关系，系统地读下来收获会更大。如果你读完全书以后，能真心地喜欢上化学，那就是本书最大的成功。

本书在引入知识点时，尽量做到把这些知识的科学发现过程介绍清楚，科学家们敏锐的洞见和推理、大胆的创新和质疑，都是最好的科学思维案例，希望读者仔细体会，从中汲取营养。作为一本科普读物，本书在保证科学性的前提下尽可能做到通俗易懂、深入浅出、贴近生活。希望本书能为青少年朋友们打开化学之门，了解化学的来龙去脉和发展应用，长知识，开眼界，变身化学达人。

高鹏

2023年9月

目　录

什么是化学 1

走近化学

化学 —— 中心科学

化学，顾名思义，就是"变化的科学"。具体来说，就是研究物质的组成、结构、性质及变化规律的科学。对于化学家来讲，化学包含着两种不同类型的工作：一种是认识世界，即研究自然界的物质和反应并了解它；另一种是改造世界，即创造自然界不存在的新物质或创造新的化学反应途径。

传统上化学分为无机化学、有机化学、分析化学和物理化学 4 个基础分支，在此基础上又发展衍生出高分子化学、生物化学、放射化学等许多新的分支。同时，化学也是很多其他学科的基础，如材料科学、生命科学、环境科学、能源科学等。因此，人们把化学看作是一门"中心科学"，如图 1-1 所示。现在，化学家已经不是单纯的化学家了，他们可能是材料学家、生命科学家、药物学家，等等。化学和其他学科也并没有明显的界限，可以说，化学已经成为一门基础"语言"，很多其他学科在其基础上才能编制自己的"程序"。

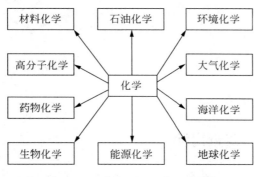

图 1-1　化学是一门"中心科学"

化学 —— 日常生活离不开的科学

化学与我们生活中的衣、食、住、行等各方面都有着非常紧密的联系。我们住的建筑物离不开钢筋混凝土，钢筋是化工冶金产品，水泥则是无机化工产品。墙面涂料和地上铺的瓷砖也是化工产品。早晨起来，我们要用化学家研制的肥皂、牙膏洗漱，使用的牙刷、牙杯、脸盆可能都是化工制品。然后穿上腈纶、尼龙、涤纶等化学纤维制成的外套，当然，衣服鲜艳的颜色是用化学合成染料染的。当你喝水时，自来水是经过化学净化的。当你坐下来读报纸时，油墨和纸张都是化学制品。当你拿起手机时，塑料外壳、超薄玻璃屏幕、液晶、内部硅芯片、集成电路、电池，这些都少不了用化学的方法来制造。当你坐下来吃早餐时，你用的碗碟都是化学制品，食物里少不了食品添加剂，就连农作物在生长过程中也离不开化肥的帮助。出门开车，汽车的轮胎、车身的涂料、燃烧的汽油，无一不是化工制品。就在你看这段文字的时候，你的身体里有成千上万种化学反应在不停地进行着。当然，如果人生病了，还可以用化学药物治疗。可以说，化学的身影无处不在，如果离开了化学，我们的生活将寸步难行。

化学研究什么

化学 —— 实验的科学（一）

化学是一门以实验为基础的科学，从古代开始，人们就是在不断的实验探索中深化对世界的认识。观察—推理—实验，这是人类认识世界的方法，同时也是化学学科最基本的研究方法。

以人类最早发明的化工产品——陶器来说，原始人发现被大火烧过的土壤会变硬，这是观察。观察多了就会推理：火可以把泥土烧硬，那么我把泥土捏成需要的形状，然后用火烧，不就得到坚固结实的器皿了吗？最关键的一步就是实验了，最早的实验肯定会出现这样那样的问题，如把器皿烧裂等，但是实验过程就是一个不断试错、不断纠错的过程，可以通过不断改变实验的细节来一步一步找到合适的工艺参数，如选择什么样的土，和泥的时候加多少水，用多大的火烧，烧多长时间，等等。这些参数需要不断的尝试才能确定下来，同时设备也会随着工艺参数的要求而不断改进。最古老的陶器烧制，是在地上挖一个大坑，放入陶器粗坯，点起大火直接露天烧制。后来发展为在上面扣一个泥壳，这样有利于保温，提高烧成温度。再后来就发展到专门的半地穴式的陶窑烧制。采用陶窑烧制，火力的大小、火焰与陶器如何接触、火焰如何

给青少年讲化学

分布、烟气如何排出都可以人为控制，便于对工艺参数进行优化，最终烧出完美的陶器。

观察到陶器烧出来了，人们就开始推理：既然火（高温）能使泥土的物质形态发生变化，那么石头会怎么样，其他物质又会怎么样呢？于是就进行了更深入的实验：有意识地尝试将各种物质放在一起加热，看看有什么新发现。当人们把鲜艳的铜矿石和木炭一起加热时，得到了金属铜，再把锡矿石加进去，就变成了青铜。通过不断尝试，冶金工业就出现了，这极大地推动了人类文明的进程。直到现在，高温仍然是化学家创造新物质屡试不爽的法宝之一。

化学 —— 实验的科学（二）

在化学研究中，实验的设计非常重要，建立在已有知识基础上的实验设计可以帮助我们认识未知的世界。

1649 年初夏的一天，在明媚的阳光下，意大利佛罗伦萨科学院的院士们聚在花园的一个石桌旁，用放大镜仔细地观察着放在石桌中央的一粒金刚石（钻石）。突然间，一缕青烟冒起，大家惊叫起来，那粒闪闪发亮的金刚石顷刻间消失了。这一金刚石不翼而飞的离奇案件，被记载进佛罗伦萨科学院的大事记中，成为一个未解之谜。

直到 100 多年后的 1776 年，才由法国化学家安托万 – 洛朗·拉瓦锡（Antoine-Laurent de Lavoisier）破解了这一谜案。拉瓦锡把金刚石放在玻璃罩内，用凸透镜聚集太阳光照射，金刚石又消失了。他把玻璃罩里的气体与澄清的石灰水作用，发现形成白色沉淀，这正和燃烧石墨所得的结果一样。于是，拉瓦锡得出结论：金刚石含有与石墨一样的成

/4

分——碳（C）。

1797 年，英国化学家史密森·坦南特（Smithson Tennant）将一粒金刚石放在充满氧气的密封金钵中灼烧，使金刚石完全烧掉，然后将金钵中生成的气体与澄清的石灰水作用，通过生成的沉淀来计算二氧化碳（CO_2）的质量。结果发现金刚石燃烧生成的 CO_2 与相同质量的石墨燃烧所获得的 CO_2 质量完全相同。这就证明，金刚石与石墨一样，也是全部由碳原子构成的碳的单质。

拉瓦锡和坦南特通过精密的实验设计，解决了 100 多年前的悬案，使神秘的金刚石现出原形。现在我们知道，金刚石与石墨虽然都是碳元素的单质，但是具有不同的晶体结构，因此表现出巨大的性质差异。

化学 —— 发现与创造的科学（一）

化学家的主要任务是发现和创造新物质，他们关心的问题是：为什么这个世界上的物质性质千变万化？怎样才能够控制并有效地利用这些性质？目前，已发现的化学元素有 100 多种，这些元素对应着原子（见图 1-2）。原子之间相互结合会组成分子，自然界存在着不计其数的分子。从本质上来说，化学就是研究原子、分子及其变化规律的科学。

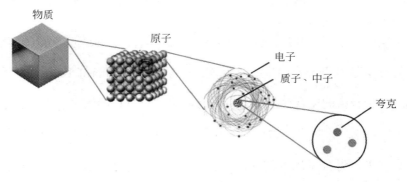

图 1-2 现代人对物质组成的基本认识

大自然中有大量的分子正等着我们去"发现"：分子中有哪些原子，这些原子是怎样连接的，分子的形状如何，分子内的电子是怎么分布的，分子的内在运动是怎样的，它的反应活性如何。无论是简单的水分子还是复杂的硅酸盐，抑或是更复杂的生命物质——胆固醇、血红蛋白、牛胰岛素、DNA（脱氧核糖核酸，见图 1-3）之类，都需要靠化学的手段去"发现"。

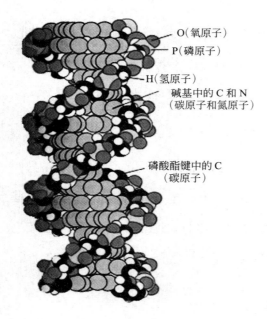

O（氧原子）
P（磷原子）
H（氢原子）
碱基中的 C 和 N
（碳原子和氮原子）
磷酸酯键中的 C
（碳原子）

图 1-3　DNA 的原子排布示意图

发现只是一个开始，创造才是化学的目的，更多的化学分子是化学家们在实验室里合成出来的。目前，化学工作者们以每 10 年翻一番的速度创造着新的化合物。迄今，记录在案的有机和无机化学物质已经超过 1.5 亿种，这些化合物大部分都是以前地球上所没有的。化学家们已经掌握了大量分子反应的规律，有一整套科学的方法来设计合成路线，从而得到想要的分子。当前，全基因组合成已经在病毒及细菌上获得成功，首个全人工合成的真核生物也已经接近完成，对于更高等生物的全基因组合成也提上了日程。当然，合成复杂的生命分子绝非易事，化学家的探索还在路上。

化学 —— 发现与创造的科学（二）

中世纪时，欧洲盛行炼金术。1669年，德国汉堡一位叫布兰德（Brand）的商人在自己家里做一件神秘的事情——加热蒸发人尿。他相信炼金术而且想发财，于是想到了一个"好"主意：从与黄金颜色相近的尿中提炼黄金。他收集了几十大桶尿液进行蒸馏实验，虽然刺鼻的气味弄得邻居们怨声载道，妻子也受不了搬了出去，但他仍然乐此不疲。可是，最终的结果令他失望，黄金始终没有提炼出来。好在他也并非毫无收获，他从尿中提炼出一种像白蜡一样的物质，这种物质在黑暗的小屋里闪闪发光，在空气中会自燃，这就是白磷（见图1-4）。白磷是一种白色至黄色的蜡状固体，有剧毒，温度超过40℃会自燃，燃烧时冒出大量白烟。

图1-4 白磷

布兰德发现这种物质燃烧时虽然发光，但居然不发热，于是把这种光称为"冷光"。并根据希腊文命名这种物质为 Phosphorus，意为"能发光的"。磷（P）这种化学元素就这样戏剧性地被发现了，这是人类第一次发现磷元素。磷在人体中的含量大概占人体质量的 1%，人尿中也含有磷元素，布兰德把它提取出来了。

早期的化学发现多是偶然的发现，但是随着人们对化学规律认识的加深，发现就成为必然。例如，在元素的发现史中，英国化学家汉弗里·戴维（Humphry Davy）掌握了电解的规律，他通过电解分离出钾、钠、钙、锶、钡、镁等多种金属元素，成为历史上发现元素最多的人。英国化学家威廉·拉姆塞（William Ramsay）对门捷列夫的周期律有深刻的理解，他在 1894 年发现了氩气，1895 年确认了氦气，1898 年，他和助手在 3 个月之内连续发现了氖、氪和氙，他也因此被誉为"惰性元素之父"。

虽然人类对化学规律的认识在不断加深，但自然界还有很多不为人知的奥秘，所以，很多偶然的发现往往会成为重大发现。

1963 年，美国海军兵器研究所在进行一项新装备研究时，研究员们将一些弯弯曲曲的镍钛合金丝拉直来使用。可是在实验过程中，奇怪的现象出现了，当被泡在热水中时，这些拉直的合金丝突然又全部恢复到弯弯曲曲的形状，而且和原来丝毫不差。研究人员紧紧抓住这一意外事件，开始反复地实验研究，终于发现了能"记住"自己原来形状的记忆合金。

化学 —— 发现与创造的科学（三）

除了偶然的发现和必然的发现，化学发现还有"错误的"发现。

20 世纪 70 年代初，日本化学家白川英树致力于导电塑料的探索。他把目标放在聚乙炔上，但当时所合成的聚乙炔都是结构不明的黑色粉末，结果很不理想。有一次，他指导一位韩国研究生进行聚乙炔的合成，由于实验并不难，该生也跟随自己学习了一段时间，因此白川英树放心地让他独立完成操作。但这次的实验结果与之前大不相同，并没有生成粉末，而是在溶液表面得到了一层亮闪闪的银色薄膜。经分析，这层薄膜有较高的结晶度，具有相当规整的结构，这正是白川英树梦寐以求的聚乙炔薄膜。经过实验配方核查，白川英树发现，原来研究生把催化剂用量的单位看错了，用量增大了 1000 倍！正是这一"错误"，又加上实验中搅拌器凑巧停止，才幸运地制备出聚乙炔膜。聚乙炔膜为导电塑料提供了很好的基体，后来，白川英树与两位美国化学家艾伦·J. 黑格（Alan J. Heeger）、艾伦·G. 马克迪尔米德（Alan G. MacDiarmid）合作，在聚乙炔中掺杂了碘离子，竟然使其导电性提高到了金属级别！他们发现了世界上第一个有机导电聚合物，塑料也能导电！这一新的发现颠覆了人们的常规认识。2000 年，这 3 位科学家共同获得了诺贝尔化学奖。

有趣的是，日本另一位化学家田中耕一，也是因为在实验中出现了"错误"而攻克了公认的世界性难题。1985 年 2 月，日本岛津公司的田中耕一正在研究一种叫"激光解吸电离质谱仪"的仪器，这种仪器可以检测有机物的分子量（相对分子质量），但是只对分子量小于 1000 的小分子有效，大分子的分子链会被激光切断，无法测量。田中耕一就是希望攻破这个难关，实现大分子的检测。他采取的方法是把样品混在一种

"基质"中，这样就能减弱激光的冲击，使样品分子免遭破坏。有一天，他在配制基质时，不小心将甘油当成丙酮倒入了试管。他意识到自己出现失误后，并没有扔掉试剂，而是将错就错，用这个"错误的"试剂试了试。结果令他大喜过望，他竟然测出了分子量为1350的维生素 B_{12}。甘油竟然比丙酮更有效！以此为基础，经过不断钻研，他成功研制出可测分子量达到 35 000 的仪器，大大超出了学术界的预期，实现了历史性的突破。田中耕一也因此获得了 2002 年的诺贝尔化学奖。

化学史上还有很多类似的"错误的"发现，这些"不小心"得到的奇迹，给我们的启示也许更多。在科学发现的道路上，并不存在绝对的对与错，所谓的"对"是我们通过已有的经验获得的，而我们所未知的世界，也许就隐藏在"错"的外表之下，勇于大胆尝试，就有可能开拓出创新的道路！

化学多么神奇

化学 —— 探索世界的科学

大自然中各种神奇而美丽的现象，吸引着人类好奇的目光，解释自然界的各种现象，也是化学家的任务之一。

雪花是大气中的水汽凝成的结晶体，虽然世界上没有两片一模一样的雪花，但是，人们很早就观察到所有雪花都有一个共同的特点——它们都是六角形的。西汉学者韩婴在《韩诗外传》中记载："凡草木花多五出，雪花独六出。"这是最早的关于雪花形状的记载——"雪花六出"。

1611 年，德国天文学家约翰内斯·开普勒（Johannes Kepler）提出一个问题：为什么天上不飘落五角和七角的雪花？这一貌似简单的问题难倒了众人，直到 200 多年后才由法国结晶学家布拉维（Bravis）解决。

布拉维指出，晶体具有平移有序性。打个比方来说，就像铺地砖一样，需要用相同的砖块把地面铺满，不留空隙，因此，只有图 1-5 中的 1、2、3、4、6 这 5 种情况满足晶体的要求，其他情况总是留有空隙，所以说，雪花是不可能有五角和七角的。用晶体化学的语言来说，就是晶体只允许有 1、2、3、4、6 次旋转对称性，这一结论后来成为晶体学界的共识。

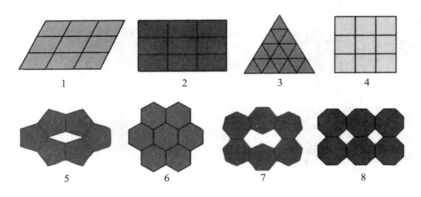

图 1-5　几何图形的平面铺砌示例

那么，雪花为什么没有三角和四角的呢？这就与水分子（H_2O）的结构有关了。水分子里 2 个氢原子（H）和 1 个氧原子（O）形成的夹角是固定的 104.5°，当水分子定向排列的时候，六边形结构是最稳定的（见图 1-6），所以，雪花会以六边形阵列的形式生长。图 1-7 给出了一种雪花结晶生长过程示意图。

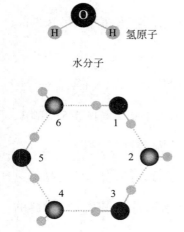

氧原子

氢原子

水分子

冰

图1-6　水分子定向排列形成的正六边形结构（图中1、3、5号氧原子在纸面上方，2、4、6号氧原子在纸面下方，但是从垂直于纸面方向观察，6个氧原子在纸面上的投影处于正六边形顶点位置）

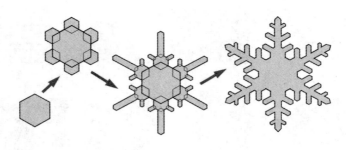

图1-7　雪花结晶生长过程示意图

化学 —— 改变世界的科学

从古至今，化学在不断改变着人类的生活。陶瓷的发明，使人类有了基本的生活用具；冶金的出现，使人类有了得力的农具；造纸术的发明，使人类有了文明传承的载体；伏打电堆的发明，使人类第一次产生可人为控制的持续电流，为后续的电力时代奠定了基础；药物的化学合成，使人类对疾病不再束手无策；化肥的合成，使人类有了足够的粮食；

水泥的发明，改变了人类的建筑；石油的炼制，使人类的能源利用达到
了新高度；炸药的发明，使人类可以开山凿隧；塑料的发明，为人类的
生活带来了极大的便利；橡胶的发明，使车辆有了不再颠簸的轮子；液
晶的发明，使电脑、电视不再庞大。无数高科技产品，都少不了化学材
料的支撑和化学手段的处理。化学，使我们的生活越来越便利；化学，
让我们的世界不断发生改变。但是，化学是一个复杂的体系，化学的发
展过程千头万绪、错综复杂，唯有高屋建瓴、通览化学的全貌，才能建
立条理化、系统化的化学思维。下面，就让我们抽丝剥茧，厘清化学的
来龙去脉，一步步揭开化学的神秘面纱吧。

2 中国古代化学趣谈

在 17 世纪以前，化学还没有成为一门独立的学科，人们只是在与自然界打交道的过程中，偶然接触到各种化学变化，然后逐渐了解它、利用它、发展它。所以古代化学主要是一些实用化学工艺，并没有形成完整的体系。

在古代，由于交通不便，中国、埃及、美索不达米亚、印度、爱琴海地区的文明都有各自的化学成就。人们最早掌握的"化学工具"是火，各文明区都出现了陶器烧制和金属冶炼，后来，埃及和美索不达米亚人发明了烧制玻璃，而中国人则发明了烧制瓷器。再往后，中国人发展出炼丹术，欧洲人则发展出炼金术。炼丹术追求的是合成长生不老的仙丹，炼金术追求的则是用普通原料合成金子，虽然目的不切实际，但都属于原始的化学研究形式。

在 17 世纪以前，中国一直是世界上化学成就最高的国家，造纸术、印刷术和火药的传播为世界文明发展做出了重要贡献，本章重点谈谈中国古代化学。

能源的开发利用

化学的发端 —— 用火

人类化学史是从火的利用开始的，古代化学技艺是以学会用火为中心的。远在 50 万年前，我们的祖先"北京人"已经学会有目的地使用火和草木燃料，他们用火来取暖照明、驱赶野兽和烧烤食物。但当时的"北京人"还不会自己生火，火种是从被雷电点着的森林余火中取来的。大约 10 万年前，我们的祖先学会了利用干枯的木柴长时间互相摩擦产生火种——钻木取火。传说中的燧人氏可以说是最早的化学家，他的发明让他直接登上部落首领的宝座。

火使人类可以实现许多有用的物质变化。在熊熊的烈火中，可将黏土、砂土、瓷土烧成陶瓷和玻璃，也可以将矿石炼成金属。中国是世界上最早生产陶器的国家，也是唯一发明瓷器的国家。中国古代在铜、金、银、锡、铅、锌、汞等金属的冶炼史上均居世界前列。

伐薪烧炭 —— 木炭

约 5000 年前，我们的祖先已学会通过木材制作木炭的技术。木材经过不完全燃烧，或者在隔绝空气的条件下热解，所残留的多孔固体燃料就是木炭。木炭燃烧时，不会出现熊熊的火焰和呛人的烟雾，所产生的有害物质比燃烧木柴要少得多。在二里头文化、齐家文化等遗址均发现大量木炭。

关于木炭最早的记载在《周礼》："季秋草木黄落，乃伐薪为炭。"唐代诗人白居易广为流传的名篇《卖炭翁》中，卖炭翁卖的就是木炭："卖炭翁，伐薪烧炭南山中。满面尘灰烟火色，两鬓苍苍十指黑。"

大约在商周时期出现了木炭窑烧法，在山上挖个地窖或就山势挖一个大洞，把木材放在里边烧。按烧炭工艺的不同，烧出的木炭有白炭和黑炭之分（见图 2-1）。当薪材于窑内炭化后，将其在窑内隔绝空气冷却，所得之炭称为黑炭；将炽热的木炭自窑内取出与空气接触，在空气中再燃烧片刻，然后用湿沙等覆盖焖熄，所得之炭外表带灰白色，故称白炭。白炭质地硬，比重大，敲击有金属音，燃烧时间长，不冒烟。因白炭在窑外又燃烧了一次，薪材质量损失大，故价格也较黑炭为贵。据《钦定大清会典》载："每白炭千斤，准银十两五钱；黑炭千斤，准银三两三钱。"

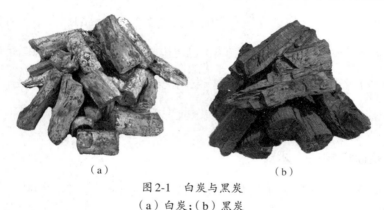

（a）   （b）

图 2-1　白炭与黑炭
（a）白炭；（b）黑炭

古代煤炭利用趣闻

煤炭是蕴藏在地下的固态可燃矿物，由远古植物遗骸经过漫长的地质年代和复杂的化学作用而生成。中国是世界上采煤、用煤最早的国家，关于煤炭的记载最早出于《山海经》，书中称煤为"石涅"，记载的几处产地，都是现今的煤田所在地。《汉书·地理志》中记载得更明确："豫章郡出石，可燃为薪。"豫章在今江西南昌附近，这里所说的可燃石头，就是煤炭。

煤炭很早就被作为燃料来利用，到战国时期，人们开始使用煤炭炼铁、锻造兵器农具、熔铸钟鼎。到汉魏年间，煤炭在生产和生活上得到更广泛的使用。公元 210 年，曹操营建邺都，在邺筑铜雀、金虎、冰井三台。铜雀台为人们所熟知，但少有人知道冰井台。实际上冰井台非常重要，因为冰井台建有 3 座冰室，每座冰室内有数眼冰井，井深 30 多米，储藏着大量的冰块、石炭（即煤炭）、粮食和食盐，属于战略储备仓库。当时冰井台藏石炭数十万斤。

元朝初期，意大利人马可·波罗（Marco Polo）来中国游历，看到人们用"黑石头"作燃料，感到十分惊奇，于是在《马可·波罗游记》中进行了记载："有一种黑石，来自山中，如同脉络，燃烧与薪无异，其火候且较薪为优。盖若夜间燃火，次晨不息，其质优良，致使全境不燃他物。"欧洲人看了书中的描述，把煤当作奇闻来传颂。

精湛的陶瓷工艺

烧土制陶 —— 红陶、黑陶和白陶

中国是世界上最早生产陶器的国家，在新石器早期，我们的祖先已学会用火焙烧陶器。江西万年县大源仙人洞、湖南道县玉蟾岩、广西桂

林甸皮岩、河北阳原于家沟等新石器遗址均出土过原始陶器。在江西仙人洞出土的陶器距今约 20 000 年，是世界上最早的陶器。

制陶的主要原料有陶土、黑土、红胶泥等，它们的主要成分都是黏土。黏土是一种含水的铝硅酸盐矿物，由长石、云母等岩石经过长期风化作用而生成，主要化学组成为二氧化硅（SiO_2）、三氧化二铝（Al_2O_3）和结晶水[1]。黏土加水揉捏以后具有较好的可塑性，可塑成各种形状的坯体。烧制过程使黏土的成分发生了一系列的物理化学变化，比如失去结晶水、碳酸盐的分解、晶型转变、固相反应与少量玻璃相的产生，以及冷却期的相转变等，最终使坯体形成一个烧结的整体，从而使陶器具备防水耐用的优良性质。

中国各地早期生产的代表性陶器有红陶、黑陶和白陶 3 种（见图 2-2）。

河南渑池仰韶文化的代表作是红陶，它的基色是灰红色或红褐色，这是由于黏土经氧化焰焙烧后，其中的三氧化二铁（Fe_2O_3）呈红色所造成的。我们现在常用的花盆大多都是红陶制品。带有彩绘装饰花纹的红陶称为彩陶，其涂料是赭石粉、铁锰矿粉和白土等。

山东章丘龙山文化的代表作是黑陶，其色泽呈黑灰或乌黑色。黑陶呈黑灰色主要是由于陶坯中的三氧化二铁在还原气氛中生成了四氧化三铁（Fe_3O_4）。在龙山文化遗址中发现的距今 4500 多年的珍稀陶器——

---

[1] 本章中会出现一些化学元素符号，例如，硅的元素符号是 Si，氧是 O，铝是 Al，铁是 Fe，氢是 H，钾是 K 等，其他元素符号可查阅元素周期表。

（a）

（b）   （c）

图 2-2   红陶、黑陶和白陶陶器
（a）新石器时期红陶菱形点纹壶；（b）商代白陶刻几何纹瓿；
（c）龙山蛋壳黑陶高柄杯

高柄镂空蛋壳陶杯，"黑如漆、亮如镜、薄如壳、硬如瓷"，其壁最厚不
过 1 mm，最薄处仅 0.2 mm，重量不足 50 g，制作工艺之精，堪称世界
一绝，被誉为"四千年前地球文明的最佳制作"。

龙山文化中已经出现了白陶，但大量的白陶制作则是在殷商时期。
它的原料是白色黏土，含 Al_2O_3 达 30% 以上，且 Fe_2O_3 含量很低，为
1% ~ 2%。因此，焙烧后陶器可保持洁白。

国之瑰宝 —— 瓷器

瓷器脱胎于陶器，它是中国古代劳动人民在烧制陶器的过程中逐步
探索出来的。

烧制瓷器与陶器的区别主要有 3 个方面：一是使用的原料不同，制瓷原料主要是瓷石或瓷土，制陶的主要原料为陶土、黑土、红胶泥等；二是烧成温度不同，瓷器的烧制温度高，须在 1200℃以上，而陶器一般在 800～1000℃；三是瓷器在胎体表面施有高温下烧成的釉面，而陶器无釉面。

作为制瓷的主要原料，瓷石和瓷土的主要成分都是二氧化硅和三氧化二铝，并含有少量氧化铁、氧化钙、氧化镁、氧化钾和氧化钠等。瓷土中最有名的是高岭土，因最先发现于景德镇附近的高岭村而得名，其成分大致是 SiO_2 为 46.51%、Al_2O_3 为 39.54%、H_2O 为 13.95%。

早在殷周时期，就出现了青釉器。这种青釉器已符合瓷器的基本要求，只是胎质的白度和烧结程度还不够，所以现在称它为原始瓷。及至春秋时期，原始瓷器质量有了明显提高。从出土情况看，江南地区是原始瓷的主要产区，这应该与该地区盛产瓷土有关。

原始瓷发展到东汉，演变成真正的瓷。这种早期瓷器的釉层，靠釉料中固有的三氧化二铁自然呈色，所以多呈黄褐色，若焙烧时还原气氛掌握得好，则釉呈青色，所以称为青瓷。三国、南北朝时期的青瓷器，釉色青绿纯正。唐代越窑青瓷技术有了明显提高，瓷胎细腻致密，釉层均匀、晶莹润泽，青色纯正、滋润而不透明。宋代龙泉窑产的青瓷有梅子青和粉青之分，颜色碧青、柔和淡雅，有如翠玉，配料、烧成温度和气氛的掌握已经达到了完全纯熟的阶段，也达到了青瓷制作的高峰。

瓷器的制作工艺流程

瓷器的制作工艺流程主要包括练泥、拉坯、利坯、晒坯、施釉、烧窑等工序。

（1）练泥。淘洗瓷土，除去杂质，沉淀后制成砖状的泥块。然后再用水调和泥块，去掉渣质，通过搓揉或踩踏，把泥团中的空气挤压出来，并使泥中的水分均匀。

（2）拉坯。将泥团摔掷在陶车（一种辘轳车）的转盘中心，运用车的转动，随手法的屈伸收放拉制出坯体的大致模样。这一步决定了瓷器的外形。

（3）利坯。拉成的坯半干时，利用各种刀具，在转动的陶车上将坯体的凹凸处修平，使坯体厚度适当、表面光洁。这是决定器物形状的关键一步。

（4）晒坯。将加工成型的坯体摆放在木架上晾晒。

（5）施釉。有蘸釉、荡釉、刷釉及吹釉等方法。比如，蘸釉就是将坯体浸入釉浆盆里蘸一下，当坯体口沿与釉面齐平时立即提出。

（6）烧窑。将瓷坯放在由耐火黏土制成的匣钵内（匣钵能对坯件起保护作用，避免烟火与坯件接触，还能层层叠放，提高空间利用率），装入砖窑或土窑中，点火烧窑，烧窑时间约一昼夜。烧窑是最关键的一步，火候掌握很重要，升温速度、烧成温度、保温时间、冷却速度都会影响烧成质量。

陶瓷生坯在加热过程中不断收缩，气孔率降低，并在低于熔点温度下变成致密、坚硬的具有某种显微结构的多晶体，这种现象称为烧结。

在陶瓷生坯中，一般含有百分之几十的气孔，粉体颗粒之间只有点接触。在温度升高时，物质通过扩散向颗粒间的接触点和气孔部位填充，使接触部逐渐长大，气孔逐渐闭合。随着晶粒的长大，坯体逐渐变得致密化。在烧结中后期，孤立的气孔扩散到晶粒间的边界上消除（见图 2-3）。

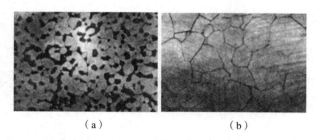

（a）　　　　　　　　　（b）

图 2-3　陶瓷烧结过程中的显微结构变化
（a）烧结前期；（b）烧结末期

硅酸盐 —— 地壳的统治者

无论是陶器还是瓷器，它们都是用泥土烧成的，都属于硅酸盐制品。

硅酸盐是由硅、氧与其他化学元素（主要是铝、铁、钙、镁、钾、钠等）结合而成的化合物的总称。硅酸盐是数量极大的一类无机物，约占地壳重量的 80%，地壳中的岩石、沙子、土壤，大都由硅酸盐组成。我们的日常生活也离不开硅酸盐，陶瓷、玻璃、砖瓦、水泥等都属于硅酸盐制品。

硅酸盐的化学组成比较复杂，它的基本结构单元是硅氧四面体 $[SiO_4]$，这些四面体互相共用顶点连接成各种各样的分子骨架结构，大致可分为岛状、环状、链状、层状和架状等基本结构（见图 2-4）。包括纯的二氧化硅（SiO_2）晶体实际上也是由硅氧四面体互相连接构成。硅酸盐种类繁多，结构复杂，性质变化很大。

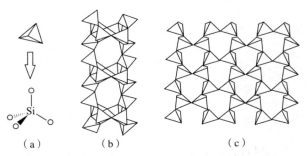

图2-4　硅酸盐的硅氧四面体骨架连接方式举例
（a）硅氧四面体；（b）链状结构；（c）六方网层结构

硅酸盐晶体的表示方法通常有化学式和结构式两种。

化学式是将构成硅酸盐晶体的所有氧化物按比例全部写出来，先顺序书写 +1 价、+2 价、+3 价金属氧化物，最后写 SiO_2 和 H_2O，也叫氧化物表示法。例如，钾长石的化学式写作 $K_2O \cdot Al_2O_3 \cdot 6SiO_2$，高岭土的化学式写作 $Al_2O_3 \cdot 2SiO_2 \cdot 2H_2O$。

结构式是将构成硅酸盐晶体的所有离子按比例全部写出来，首先顺序书写 +1 价、+2 价金属离子，其次是 Al^{3+} 和 Si^{4+} 离子，最后写 O^{2-} 和 OH^-，再把其中的络阴离子用中括号括起来，也叫无机络盐表示法。例如，钾长石的结构式写作 $K[AlSi_3O_8]$，高岭土的结构式写作 $Al_2[Si_2O_5](OH)_4$。

化学式可以一目了然地反映晶体的化学组成，可以按此配料进行晶体的合成。结构式可以直观地反映晶体所属的结构类型，预测晶体结构和性质。两种表示方法可以互换。

青铜时代与青铜名兵

女娲补天与铜的冶炼

化学在冶金技术中占有很重要的地位，中国古代在冶金过程中积累了丰富的冶金化学知识，铜、铁、金、银、锡、铅、锌、汞等金属的冶炼技术均居世界前列。

中国先民最初使用的铜是存在于自然界中的天然红铜，用石斧把它砍下来，便可以锤打成多种器物。在今甘肃齐家文化的多处遗址中出土了这类铜质锻造器件，纯度达 99.6% 以上，且不含熔渣，仅含微量的锡、铅、锑、镍，表明它们是用天然铜锻造而成的。

在距今大约 5000 年前，中国进入了冶炼铜矿的时期。由于当时烧制陶器的技术已相当成熟，既有了耐高温的陶器，又能造出 1000℃以上的炉温，这就具备了用矿石冶炼金属的条件。最初是利用孔雀石 $[Cu_2(OH)_2CO_3]$ 等铜类矿石，将它们与木炭混合，放在陶制的大口坩埚里，用猛火鼓风加热，使孔雀石分解得到氧化铜（CuO），然后氧化铜被木炭还原得到金属铜[1]，最终化为灼热的铜水，浇铸成各种器物。这种方法现在称为火法炼铜，其化学原理叫碳热还原法：在高温条件下，碳将金属氧化物中的氧夺去，生成一氧化碳（CO）或二氧化碳（CO_2），金属就从氧化物中被还原出来了。

铜矿石一般都有鲜艳的颜色，引人注目，铜也因此成为最早被冶炼的金属之一。赤铜矿呈红色，孔雀石呈鲜绿色，蓝铜矿呈鲜艳的蓝色，

---

[1] 此过程的反应方程式为：

$$Cu_2(OH)_2CO_3 === 2CuO + H_2O + CO_2\uparrow; \quad C + 2CuO === 2Cu + CO_2\uparrow。$$

黄铜矿呈亮黄色，斑铜矿呈暗铜红色（氧化后变为蓝紫斑状），辉铜矿为铅灰色。中国上古时期女娲炼五色石补天的神话所反映的可能就是炼铜技术。

纯铜制成的器物太软，易弯曲，人们发现把锡矿石与铜矿石合炼，可以制成铜锡合金——青铜。由于其硬度比铜大而且坚韧，熔点也较低，容易铸造，所以发展很快，从而使人类进入了青铜时代。

人类文明的跃进 —— 青铜时代

青铜时代是以使用青铜器为标志的人类发展阶段，其前为石器时代，后为铁器时代。青铜生产工具的出现，在生产力发展史上起了划时代的作用。中国已发现的最早的青铜制品属甘肃仰韶文化，距今5000年左右。中国的青铜时代主要是夏、商、周三朝，商朝晚期进入青铜时代的鼎盛时期。秦、汉为青铜时代与铁器时代的交替时期。

青铜时代的青铜器物用途非常广泛，按用途主要分为4类：①礼乐之器，如鼎、簋、钟、鼓等；②兵器，如刀、矛、戈、戟、剑、箭头等；③钱币；④生活用具，如农具、车具、烹饪器具、饮食器具、铜镜等。

青铜在古代能大规模使用，主要因为它有以下4个优点。

（1）硬度大。纯铜很软，锡比铜更软，但铜锡合金——青铜却很硬，锡含量不同硬度也不同，一般可达铜的2~5倍。

（2）熔点低，方便冶炼。纯铜熔点为1083℃；加入15%的锡，熔点降至960℃；锡含量达25%时，熔点降至800℃。

（3）青铜具有较好的铸造性能和机械加工性能。

（4）古代青铜常含有一定量的铅，同样具有降低熔点和提高硬度的作用。

先进的铜合金熔炼工艺 —— 六齐

战国时期成书的《周礼·考工记》记载了铸造各类青铜器的"六齐（齐通剂）"规则，即铸造青铜时铜（Cu）和锡（Sn）的6种原料配方比例。其规则为："金有六齐：六分其金而锡居一，谓之钟鼎之齐；五分其金而锡居一，谓之斧斤之齐；四分其金而锡居一，谓之戈戟之齐；三分其金而锡居一，谓之大刃之齐（大刃指刀剑之类）；五分其金而锡居二，谓之削杀矢之齐（削是雕刻用的刀，矢是箭头）；金锡半，谓之鉴燧之齐（鉴是镜子，燧是凹面反射镜，用来聚日光取火）。"

"六齐"规则是世界上最早的合金熔炼工艺总结，它指导工匠们根据所制青铜器的不同用途，正确地选择合金成分。上述规则中"金"指铜，"锡"指锡（还包括铅等其他杂质金属，古人不可能区分得很清楚），这6种青铜的性质如表2-1所示。

表2-1　《周礼·考工记》记载的6种青铜比例及其性质

	铜锡比例	锡的含量	制造工具	性质
第一种	6∶1	14.29%	钟鼎	橙黄色，音质悦耳
第二种	5∶1	16.67%	斧子	韧性好
第三种	4∶1	20%	戈戟	最坚韧
第四种	3∶1	25%	兵器的锋刃	锋利
第五种	5∶2（2.5∶1）	28.57%	弓箭的箭头	硬度最高
第六种	2∶1	33.33%	镜子	反光度好

现代研究表明，"六齐"比例具有很高的科学性。青铜中锡的含量占17%～20%最为坚韧，再高则逐渐变脆，含锡30%左右硬度最高。从"六齐"比例来看，因斧斤、戈戟不能有脆性，所以锡含量为16%～20%；削杀矢比较短小，主要考虑锐利，所以含锡28%；大刃既需要锋利，也要求有一定的韧性以防折断，所以锡含量25%，非常合理。

另外，随着锡含量的增加，铜锡合金的颜色会从铜红色依次变为红黄色、橙黄色、淡黄色、灰白色。含锡量14%左右，呈橙黄色，质坚而韧，音色也比较好。含锡量30%～36%，颜色最洁白，硬度也比较高。从"六齐"比例来看，"钟鼎之齐"锡占14.29%，呈现漂亮的橙黄色，音质悦耳，相当具有观赏性。"鉴燧之齐"锡占33.33%，最适合当镜子。

古代青铜铸造工艺 —— 块范法

中国古代青铜器的铸造有块范法和失蜡法两种基本方法。其中块范法又称土范法，是当时应用最广泛的青铜器铸造方法。该方法简单来说就是先造个空心模具，然后把熔化的铜水浇注到模具中成型。其主要工艺有以下步骤。

（1）制模。即造出欲铸器物的模型，其原料可选用陶土、木头、石头等质料，已经铸好的青铜器也可用作模型。

（2）制范。由模制范，陶范最为常见。用泥料敷在模型外面，分成几块从模上脱下，然后高温烧制形成陶器外范（见图2-5）。

图2-5 安阳殷墟出土的制鼎用的陶器外范

再用泥料制一个体积与容器内腔相当的内范（芯体）。然后使内外范套合（合范），中间就会形成一个空隙，叫作型腔，这就是所铸器物的空心模具。

（3）浇注成型。将范摆正放平，往型腔中浇入熔化好的铜液，待铜液凝固冷却后，除去外范与芯体，取出铸件。

（4）修整。将范中铸好的青铜器取出，经过锤击、锯锉、錾凿等多道工序来进行加工打磨，以消去多余的铜块、毛刺、飞边，修整后得到欲造器物的成品。

考古学家根据历年考古报告，归纳出殷商时期冶炼青铜的工序大略如图 2-6 所示。

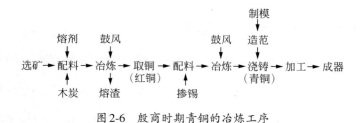

图 2-6 殷商时期青铜的冶炼工序

铸造器物的外形，决定于制模、制范两道工序，即决定于范的型腔部分的形状。成书于战国时期的《荀子》中记载，青铜剑的制作主要在于"刑范正，金锡美，工冶巧，火齐得"（金指铜）。可见当时人们对于铸范的制作、合金原料的选择、冶铸的技巧、火候的调节，都已很讲究了，而且已经成为常识。

炉火纯青 —— 青铜铸造火候的掌握

《考工记》中载有如何判断青铜铸造火候的记载："凡铸金之状，金与锡黑浊之气竭，黄白次之；黄白之气竭，青白次之；青白之气竭，青气次之，然后可铸也。"也就是说，炼铜炉中的焰气，颜色要经过黑、黄白、青白、青4个阶段，到焰气颜色发青时铜水就可以出炉了。"炉火纯青"的成语就是源自青铜冶炼工艺。

《考工记》的记载是合乎冶金原理的。黑浊气是原料上附着的炭挥发产生的炭烟。黄白气主要是熔点低的锡先熔化而产生的。温度升高，铜熔化的青焰色有几分混入，故现青白气。温度再高，铜全部熔化，就只剩青气了。青气焰色纯净，表明原料中的杂质大多气化跑掉了，剩下的残渣予以去除，然后就可以浇铸了。

国之重器 —— 厚重夺目的鼎

据传大禹建立夏朝以后，划天下为九州，设九牧，令九州牧贡献青铜，铸造绘有各州山川之九鼎，以一鼎象征一州，于是九鼎就成了国家的象征。商灭夏后，九鼎迁于商。周克商后，又将九鼎迁于周。公元前606年，楚庄王率军征战，军队路过周的国都，周天子派人前去慰劳，楚庄王居然向使者"问鼎之大小轻重焉"，显示出楚王已经不把周王室放在眼里，有图谋不轨之意。《汉书》中说，周显王四十二年（前327年），九鼎沉没在彭城（今徐州）泗水之下。后来秦始皇派了几千人进行打捞，徒劳而返，九鼎不知所踪。

1939年，在河南安阳出土了一个商代巨鼎——后母戊鼎（曾被称作"司母戊鼎"）。该鼎重达875 kg，带耳高1.33 m、横长1.10 m、宽0.78 m。经检测，它含铜84.77%、锡11.64%、铅2.79%。铅锡合占14.43%，符合"六齐"中 14.29% 的比例。后母戊鼎是中国目前发掘出的最大青铜器，也是世界上最大的古青铜器。其造型瑰丽、浑厚，鼎外布满花纹，体现了当时高超的青铜铸造技术。

经考证，后母戊鼎是商王祖庚或祖甲为祭祀母亲戊而制作的祭器，所以应该没有九鼎那样的镇国之鼎巨大。2003 年，考古工作者在河南安阳发现了直径 1.68 m 的圆鼎铸造遗址。按照这个直径铸成的大鼎，体积和重量都一定会远远超过后母戊鼎。这说明商代应该有过更大的巨鼎问世。

鼎是中国青铜文明的象征。现代人按"六齐"比例采用古法技术尝试制造复原鼎，发现新制造出来的鼎呈橙黄色，在阳光下闪现着金色的光辉，浑厚凝重、灿烂炫目，会让人不由自主地产生一种神圣的敬畏感。出土的鼎表面呈青绿色，已经不复当年的光芒，这是在地下埋了几千年产生的铜锈色，这种锈蚀是非常牢固和坚硬的。

工艺精湛的青铜兵器

除钟鼎之外，铸造兵器是青铜的主要用途。青铜兵器发展到战国和秦朝，无论是在数量种类上，还是在工艺质量上，都已达到了当时世界的顶峰。当时，因战争频繁，各诸侯国竞相军备竞赛，致使青铜兵器被大量制造出来，数量空前。据文献记载，当时各诸侯国都有专司兵器生产的管理机构和专职官员，兵工厂遍布各地。在秦始皇兵马俑遗址中，发现了秦朝时期种类繁多的兵器，戈、戟、矛、铍、钺等兵器与秦弩、秦剑组成了一个完美的青铜武器库。

中国出土了大量春秋战国时期的青铜兵器，如越王勾践剑、吴王夫差矛、中山侯钺、宋公栾戈等。考古发掘得到战国青铜剑，往往脊部的青铜含锡少，含锡少则质柔而韧，韧性强，不易折断；刃部含锡较多，质硬而刚，硬度高，特别锋利。因而刚柔相济，是青铜剑的精品。这是运用青铜合金成分"六齐"配比规律的高超工艺，可见古代匠师对青铜合金成分比例的控制达到了极高的境界。

传世之宝 —— 越王勾践剑

据《吴越春秋》和《越绝书》记载，越王勾践曾特请名剑师欧冶子铸造了 5 把名贵的宝剑。其剑名分别为湛庐、纯钧、胜邪、鱼肠、巨阙，都是削铁如泥的稀世宝剑。

1965 年，越王勾践剑出土于湖北省江陵市的古墓葬，如图 2-7 所示。剑身刻有鸟虫书铭文"钺王鸠浅，自乍用鐱"，意即"越王勾践，

图 2-7 越王勾践剑

自作用剑"。该剑通高 55.7 cm，剑身长 45.6 cm，剑格宽 5 cm，重 875 g。虽已铸成 2000 多年，但剑体竟毫无锈蚀，仿佛昨日才铸成一样，并且非常锋利，考古队员对其进行测试，20 余层纸竟一划而破，自此，这柄青铜剑成为中国文物重宝。

勾践剑含铜量为 80% ～ 83%、含锡量为 16% ～ 17%，其中剑刃含锡量比剑脊高，此外还包括少量的铝、铁、镍、硫等金属。其剑刃的精磨技艺水平可同现代在精密磨床上生产出的产品相媲美。更令人赞叹的是其剑身表面独特的黑色菱形花纹图案，据研究这种花纹是经过硫化处理的。硫化铜可以防止锈蚀，既美观又防腐，2000 多年之后依然艳丽非凡。

青铜巅峰 —— 秦军兵器

在秦始皇兵马俑遗址中，在秦弩腐烂后留下的痕迹中，考古人员发现了青铜制作的小机械。这些小小的青铜构件就是弩用来发射的扳机，设计非常精巧。秦军的弩机通过一套灵巧的机械传递，让扣动扳机变得异常轻巧。弩机上的望山，是步兵武器最原始的瞄准系统，而且在上弦时可以自动地把扳机重新调整到击发的位置。

在兵马俑坑，出土最多的青铜兵器是箭头，这些青铜箭头都是为弩配备的，几乎都是三棱形（见图 2-8），三棱箭头拥有 3 个锋利的棱角，在击中目标的瞬间，棱的锋刃就会形成切割力，箭头就能够穿透铠甲，直达人体。秦军箭头的 3 个弧面几乎完全相同，这是一种接近完美的流线型箭头，符合空气动力学原理，工艺相当精湛。

图 2-8　秦军三棱箭头

青铜剑如果剑身太长就容易折断，所以各国出土的青铜剑长度一般不超过 60 cm，而兵马俑中出土的秦剑长度却在 90 cm 左右（见图 2-9）。这些青铜剑虽然很长，但韧性异常惊人。发掘的时候，有一口剑被陶俑压弯了，弯曲度超过 45°。当陶俑被移开的一瞬间，青铜剑竟反弹平直，自然还原，着实令人惊叹。据研究，秦青铜剑发展了吴越以来的青铜复合剑技术，以榫卯结构将低锡的剑心与高锡的剑刃以两次浇铸的方式铸接成一体，形成刚柔相济的青铜复合剑。青铜复合剑既有锋利坚硬的剑刃利于刺杀，又有韧性好的剑心保证全剑在实战中不易折断。精湛的铸剑技艺让秦剑的长度、硬度和韧性几乎完美结合，达到了青铜剑铸造工艺的巅峰。

图 2-9　秦青铜剑

在《战国策》记载的荆轲刺秦王的故事里，有这样的记载："秦王惊，自引而起，袖绝，拔剑，剑长操其室（室，指剑鞘），不可立拔。荆轲逐秦王，秦王环柱而走。左右乃曰：'王负剑！王负剑！'，遂拔以击荆轲，断其左股。"从这段记载里，我们可以看到，秦王在遭到荆轲刺杀时，由于剑太长，慌乱之中竟然拔不出来，后来把剑鞘背到背上，这才拔了出来，然后一剑就斩断了荆轲的左腿。以前人们对这段记载感到很好奇，秦王的剑到底有多长？现在我们通过兵马俑中出土的秦剑可以判断，秦王的剑应该不会短于 90 cm。近 1 m 长的剑，想一下子从腰间抽出来的确有些难度。而秦王一剑就斩断荆轲左腿，可见其剑之锋利，这也显示了当时秦国铸剑技艺之高超。

铁器时代与百炼利刃

人类文明的又一次飞跃 —— 铁器时代

在古代，人类所利用的金属主要是两大类，一种是铜及其合金，另一种是铁与钢。然而，无论是中国，还是其他古老文明的发源地，在使用金属的历史上，都是铜器先于铁器，这是由以下原因导致的。

（1）自然界中有色泽醒目的天然红铜，含铜量达 98%～99%，但没有天然铁。

（2）铜矿石中的孔雀石和蓝铜矿是深绿色和翠蓝色的，颜色鲜艳，极易引人注目；而铁矿石呈灰、黑、褐色，不易与岩石区分。

（3）炼铜比炼铁容易，因为铜的熔点（1083℃）较铁的熔点（1535℃）低得多。

但是铁是地球上分布最广的金属之一，在地壳中其含量是铜的近 1000 倍，所以铁矿石更容易获得，而铁器又坚固耐用，因此冶铁技术成熟后，铁器很快就取代了青铜器，使人类进入了铁器时代。

铁矿石主要有赤铁矿（Fe_2O_3）、磁铁矿（Fe_3O_4）、褐铁矿（$Fe_2O_3 \cdot nH_2O$）、菱铁矿（$FeCO_3$）和黄铁矿（FeS_2）。此外，有些天然

陨铁含铁量在 90% 以上，但数量极少。如图 2-10 所示为赤铁矿和菱铁矿两种铁矿石的外观。

（a）　　　　　　　　　　　　　　（b）

图 2-10　两种铁矿石
（a）赤铁矿；（b）菱铁矿

铸铁（生铁）和块炼铁（早期熟铁）

中国开始冶铁的时间大约在春秋时期。由于那时已经有了丰富的冶铸青铜的经验，所以冶铁技术进步很快，"铸铁"和"块炼铁"都在春秋时期出现。西方虽然很早就掌握了块炼铁技术，但直到 14 世纪才出现铸铁。

块炼铁，就是大家在铁匠铺子看到的烧红的铁块，它是将铁矿石和木炭混合起来装入炼炉中，点火燃烧，在较低温度下（650 ~ 1000℃），利用木炭燃烧产生的一氧化碳还原铁矿石中的氧化铁，从而冶炼成的海绵状固体铁块，需要放在砧子上拿大锤反复锻打以形成一定形状，同时也可借锻打过程挤出各种杂质，改善机械性能。

铸铁，顾名思义，就是在高温下熔化成铁水后浇到模子里浇铸成型的铁。随着冶炼技术的提高，人们加高了炉身，强化了鼓风，炼炉发展为竖炉。在竖炉里炉温可高达1200℃，从而使被还原出来的含碳量较高的铁熔化成铁水，铁水可以直接用于浇铸成器。

比较而言，块炼铁冶炼温度低，吸收的碳少，质地柔软，只能锻造，不能铸造；铸铁冶炼温度高，吸收的碳多，质地硬脆，只能铸造，不能锻造。

按现代钢铁分类，铸铁属于生铁，含碳量高，熔点低，熔化后流动性好，适于浇铸成型；块炼铁则属于熟铁，含碳量极低，质地柔韧，易于锻造加工。现代钢铁的分类如表2-2所示。

表2-2　现代钢铁的分类

分类	又名	含碳量	性质
熟铁	锻铁、纯铁	<0.0218%	质地柔软
低碳钢		0.0218%～0.25%	塑性很好，但强度较低
中碳钢		0.25%～0.60%	强韧性很高
高碳钢		0.60%～2.11%	硬而耐磨，但脆性大
生铁	铸铁	>2.11%	质地硬脆

铸铁的利用 —— 大型铸件与冶金固隙

铸铁可一次成型，生产效率高，历来主要用于铸造各种农具、车具。此外还有一些特大型的铸件，反映了古人高超的技术。河北沧州东南郊的铁狮子，铸于后周广顺三年（953年），高5.5 m，长6.3 m，宽3 m，重约32 t，采用"泥范明铸法"分层浇铸而成，是中国现存最大的古代铸铁物件。浙江雁荡山能仁寺的大铁锅，铸于北宋元祐七年（1092年），口沿外径达2.72 m，内深1.45 m，重达18.5 t，锅内能同时容纳 10 余人，是中国现存最大的古代铁锅。南宋以后曾用铸铁大量铸造炮身，有的炮身长达数米，重量达数千斤。泰山有一座明代嘉靖年间铸造的铁塔，共 13 层，高达十几米。

西汉中山靖王墓的夹墙里、唐代乾陵墓道的砌石间、隋代赵州桥的石块间都浇灌了生铁水，这种工艺叫作"冶金固隙"。难怪建造于 1500 多年前的赵州桥至今仍坚固无比，原来是用铁水填隙，使全桥构成一个整体，一点儿缝隙没有，真正的坚不可摧。

炼钢技术的出现

出土文物证实，早在春秋晚期，即冶铁诞生后不久，中国就出现了由块炼铁锻打得到的钢剑。块炼铁是熟铁，用它作原料，在炭火中加热锻打，既除掉杂质又渗进碳，碳的渗入使铁块硬度增加，从而得到渗碳钢。《越绝书》中记载了春秋时期传说中的三把钢铁宝剑："欧冶子、干将凿茨山，泄其溪，取铁英，作为铁剑三枚：一曰龙渊，二曰泰阿，三曰工布。"

在战国时期，工匠们掌握了淬火工艺（见图 2-11）。到西汉初年又发展出百炼钢工艺。在西汉后期又发明了炒钢技艺（将铸铁和木炭放在大锅内点火加热，像炒菜一样炒制，使铸铁凝聚成疏松的团块，再经锻打脱碳成钢）。在晋、南北朝时期创造了"团钢"（又名"灌钢"）冶炼工艺（将生铁水灌注到熟铁里，保温合炼，加热锻打，得到含碳量适中的钢材）。中国古代的炼钢技术一直走在世界前列。

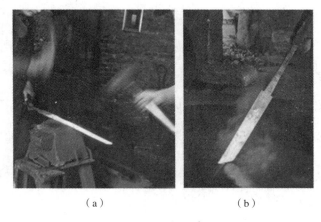

（a）　　　　　　　　（b）

图2-11　锻打与淬火
（a）锻打；（b）淬火

　　秦汉以后的钢铁冶炼技术及其产品，不断向外输出，对亚欧各国产生很大影响。生活在1世纪的古罗马学者老普林尼（Pliny）在其著作《博物志》（*Natural History*）中记载了"中国铁"西传的情况，在该书第6卷中，他把中国叫作"丝之国"，并认为"虽然铁的种类多而又多，但没有一种能和中国的钢媲美"。

百炼成钢

　　百炼成钢并不是一句泛泛的成语，历史上真的存在百炼钢。所谓百炼钢，就是将烧红的铁块锻打成宝剑粗坯后，重新烧红，折叠起来再重新锻打成新的粗坯，这样反复加热折叠锻打，一炼一锻一称一轻，使得杂质尽出，直到斤两不减，得到最精纯的钢，即百炼钢。在反复加热过程中，铁块不断地同炭火接触，铁在高温下溶碳能力增强，碳渗入后就逐渐变成渗碳钢。经过千锤百炼，钢的组织致密、成分均匀、杂质减少，从而大大提高钢的质量。百炼钢的过程就像和面一样，在不断的搓揉过程中，内部成分越来越均匀，面团越来越筋道。苏轼曾作《石炭》一诗，其中就有百炼钢的描述："为君铸作百炼刀，要斩长鲸为万段。"

因为折叠锻打上百次太费工，动辄耗费数月甚至数年，所以除"百炼"外见于记载的还有五炼、九炼、卅炼、五十炼、七十二炼。炼字前面这些具体数字是指加热锻打的次数。

由于百炼钢要反复折叠锻打，所以剑身表面会形成暗纹，如行云流水，各不相同。这是因为用不同的折叠方式和锻打方式，打出来的纹路不同。《越绝书》如此描述宝剑的外观："欲知龙渊，观其状，如登高山，临深渊；欲知泰阿，观其釽（剑身出现的文采），巍巍翼翼，如流水之波；欲知工布，釽从文起，至脊而止，如珠不可衽，文若流水不绝。"当代工匠采用复古的百炼钢工艺打造的宝剑剑身云纹，如图 2-12 所示。

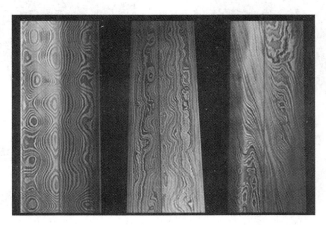

图 2-12　剑身云纹示例

淬火和回火

"淬火"是将钢加热到某一临界温度并保持一段时间，随即浸入淬冷介质中快速冷却的金属热处理工艺。常用的淬冷介质有水、盐水、矿物油等。淬火可以提高金属工件的硬度及耐磨性。

铁在加热到912℃以上时，会发生晶体结构的转变，从 α 铁转变成 γ 铁（见图2-13）。γ 铁对碳的溶解能力大约是 α 铁的10倍，因此铁在高温时含碳量会大大增加。但在淬火过程中，由于温度骤然变化，碳原子来不及扩散就被固化了，这样，冷却过程中只发生了 γ 铁变成 α 铁的晶格改组而没有碳原子的扩散，于是就形成了一种特殊的含碳量过饱和的 α 铁。过饱和的碳原子引起的晶格畸变，以及骤冷过程导致的晶格缺陷，都能改变铁的性质，导致强度和硬度大大增强。

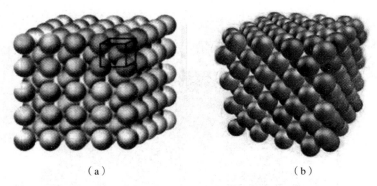

（a）   （b）

图2-13　α 铁与 γ 铁的晶体结构（图中所有小球均为铁原子）
（a）α 铁属于体心立方密堆积结构；（b）γ 铁属于立方最密堆积结构

淬火工艺最早的史料记载见于《汉书·王褒传》中的"清水焠其锋"。把打好的钢刀放在炉火上烧红，然后立刻放入冷水中适当蘸浸，让它骤然冷却。这样反复几次，钢刀就会变得坚韧而富有弹性了。因此，"淬火"也叫"淬水"。

"淬火"的行业术语读音为"蘸火"，因为淬火就是把加热到一定程度的热工件蘸一下冷却介质，工匠们形象地称之为蘸火，于是这个读音在行业中就流传开来了。

淬火工序看起来容易，但操作起来极难掌握得恰到好处，与烧热的火候、冷却的程度、水质的优劣，都有很大关系。淬火淬得不够，则刀锋不硬，容易卷刃；淬火淬过头，刀锋会变脆，容易折断。据《诸葛亮别传》讲，蜀国刀剑名师蒲元对淬火用的水质很有研究。他认为"蜀江爽烈"，适宜于淬刀，而"汉水钝弱"，不能用来淬刀。他在斜谷口为诸葛亮造刀，专门派士兵到成都去取江水。由于山路崎岖，坎坷难行，所取的江水打翻了一大半，士兵们就掺入了一些活水。水运到以后，当即就被蒲元识破了，"于是咸其惊服，称为神妙"。

南北朝时期，有一个名叫綦母怀文的人，发明了一种"宿铁刀"，是一种采用灌钢工艺炼制的钢刀。他淬刀时，使用牲畜的尿和油脂两种淬火介质，畜尿含有盐分，冷却速度较快，便于淬硬；油脂冷却速度较慢，可使钢更为坚韧。据《北史·艺术列传》记载："怀文造宿铁刀，其法烧生铁精以重柔铤，数宿则成钢。以柔铁为刀脊，浴以五牲之溺，淬以五牲之脂，斩甲过三十扎也。"

为了降低钢件的脆性，将淬火后的钢件重新加热到某一适当温度进行长时间的保温，再进行自然冷却，这种工艺称为回火。淬火后的钢铁工件处于高内应力状态，不能直接使用，必须及时回火，否则会有断裂的危险。通过淬火与不同温度的回火配合，可以大幅度提高金属的强度、韧性及疲劳强度，并可获得这些性能之间的配合（综合机械性能）以满足不同的使用要求。

东汉三国的百炼钢刀

东汉时代出现了炒钢，兵器一般由炒钢锻打而成。炒钢是一种生铁炼钢技术，因在冶炼过程中要不断地搅拌好像炒菜一样而得名。具体是把生铁锤成碎块和木炭一起放在炒炉内，点火加热，待生铁被加热到熔化或半熔化状态之后，在熔炉中加以搅拌，增加氧气和铁的接触面，使铁中的碳氧化挥发掉，从而得到钢。这种炼钢新工艺，可以在东汉末年的《太平经》中找到记载，当时普遍的刀剑技术是：先寻求铁矿石，冶炼成生铁水，然后炒炼成钢，再用百炼钢技术反复锻打，制成钢剑。

1974年，山东省临沂地区苍山汉墓中，出土了一把东汉永初六年（112年）制造的钢刀，全长111.5 cm，刀背有错金铭文："永初六年五月丙午造卅湅大刀吉羊宜子孙。""湅"，即是炼的意思，表明这把刀是"三十炼"宝刀。这是迄今为止发掘出的最早的百炼钢类型的产品，科学检验表明，这把钢刀含碳量比较均匀，刃部经过淬火处理。

据记载，三国时期曹操命有司造"百炼利器"宝刀五枚，三年乃就，以龙、虎、熊、马、雀为识，曹植为之作《宝刀赋》咏叹；孙权有3把宝刀，其中有一把就命名为"百炼"；刘备令蒲元造宝刀5000把，上刻"七十二炼"。刘备造刀这一记载出自《古今刀剑录》，据传由南朝陶弘景所撰（存疑），但5000把"七十二炼"宝刀耗费工时惊人，难免有夸大的嫌疑。

炼丹与火药

炼丹术中的化学

在中国流行了近 2000 年的炼丹术起源于战国时期。到了东汉末年，徐州人张道陵创立了道教，并使炼丹成为部分道士的活动内容，这样炼丹术就有了更广泛的社会基础，从而有了新的发展。道教奉"太上老君"老子为其祖师爷，所以《西游记》里的太上老君是炼丹专家。

东汉魏伯阳所著《周易参同契》是现存最早的炼丹著作，全书托易象而论炼丹。书中详细记载了通过铅与水银炼制"还丹"的方法，所谓"还丹"就是氧化汞（HgO）。他还观察到了胡粉（碱式碳酸铅 $[2PbCO_3 \cdot Pb(OH)_2]$）在高温下遇炭火可还原为铅的化学现象。

古代最著名的炼丹家非葛洪莫属。葛洪（284—364 年），字稚川，自号抱朴子，三国方士葛玄之侄孙，世称小仙翁。曾受封为关内侯，后隐居罗浮山炼丹。其主要著作有《抱朴子》《肘后备急方》等。《抱朴子》共 70 卷，其中《外篇》50 卷，主要是政论性著作；《内篇》20 卷，论述了战国以来炼丹家的理论，其中"金丹""仙药""黄白"3 卷，记载了炼丹的方法。

古代炼丹的方法有火法和水法两种，以火法为主。火法包括煅（长时间高温加热）、抽（蒸馏）、飞（升华）、熔（加热熔化）、伏（经过加热使物质变性）等方法；水法包括化（溶解）、煮（水中加热）、渍（用少量清水润湿使水分渗透入内）、淋（用水冲淋溶解出固体中的部分物质）等方法，这些操作手段大多是化学实验的基本技术。

葛洪在《抱朴子》中记载，"丹砂烧之成水银，积变又还成丹砂"。丹砂又叫朱砂，即硫化汞（HgS）。HgS 加热即分解得到汞（水银，Hg）和硫（S），汞与硫黄化合又生成硫化汞。[1] 这实际上就是化学中的分解反应与化合反应。

硫、砷、鹤顶红与银针试毒

单质硫（S）俗称硫黄，是一种黄色固体，质脆、易研成粉末，早在远古时代就被人们所知晓。中国炼丹家称硫黄（单质 S）、雄黄（As_4S_4 或 As_2S_2）和雌黄（As_2S_3）为三黄，将之视为重要的炼丹药品。

砷（As）有剧毒。葛洪在《抱朴子·仙药》中明确记述了制取单质砷的方法。他用雄黄、硝石、松脂、猪大肠 4 种物质炼制得到砷。其基本原理是以硝酸钾将含硫化砷的雄黄转变成氧化砷，再用碳（猪油和松树脂都是含碳的有机化合物，受热会炭化生成炭）在高温下还原生成砷。

无臭无味，外观为白色霜状粉末的砒霜（As_2O_3）是古人最常用的毒药。但很多人不知道，另一种毒药鹤顶红和砒霜竟然是同一种成分。鹤顶红其实并不是丹顶鹤的"丹顶"，而是红信石。红信石是 As_2O_3 的一种天然矿物，因为红信石与"丹顶"颜色相似，就用了鹤顶红这个名字。

古人用银针试毒，是有一定道理的。古人常用的毒药是砒霜和鹤顶红，但当时不可能去提纯 As_2O_3，所以这两种毒药里都含有少量硫和硫化物。而极微量的硫与银接触，就可发生化学反应，使银针的表面生成

---

[1] 此过程的反应方程式为：$HgS \underset{\text{化合}}{\overset{\text{分解}}{\rightleftharpoons}} Hg+S$。

一层黑色的硫化银，银针变黑，所以能以银针试毒。

火药的发明

中国炼丹术最大的成就是发明了黑火药。至晚于 9 世纪，炼丹家就发明了火药。制造黑火药的主要原料硝石、硫黄、木炭都是炼丹的常用材料。在火法炼丹中，当将硝石、三黄（硫黄、雄黄、雌黄）及一些富含碳的物质混合起来加热时，假若预先没有防范措施，有可能出现猛烈燃烧，甚至会发生燃爆。东汉以来的许多炼丹书就多次记载这类事故。

现在我们知道，火药最基本的配方可以总结成"一硫二硝三木炭"，即硫黄、硝石和木炭按上述比例混合得到的混合物，因点火后迅速爆炸生成黑色硝烟，故称为黑火药，反应方程式为：

$$S+2KNO_3+3C \xlongequal{\quad} K_2S+N_2\uparrow+3CO_2\uparrow$$

唐代炼丹书《真元妙道要略》记载："有以硫黄、雄黄合硝石并密烧之，焰起烧手面及烬屋舍者。"成书于唐宪宗元和三年（808 年）的《太上圣祖金丹秘诀》明确记载了硫二两、硝二两、马兜铃（遇明火碳化）三钱半的火药配方。

"火药"一词首次出现于宋仁宗天圣元年（1023 年），据《宋会要》记载，该年汴京的武器作坊中专门有生产火药的"火药作"。1044 年成书的北宋官修军事著作《武经总要》记载了 3 个军用火药配方：毒药烟球方、火砲火药方和蒺藜火球方。这是世界上最早的军用火药配方。

1974 年 8 月，中国考古学家在西安出土了一件大约在 14 世纪初制造的元代铜手铳，据科学家们检测分析，铜手铳药室残存的火药组分质量配比大约为：硝石 60%、硫黄 20%、木炭 20%。已接近现代黑色火药硝石 75%、硫黄 10%、木炭 15% 的标准配方。而且各种杂质已经剔除，是一种纯度较高的粒状发射火药。

火药武器的发展

大约到了唐末，火药被用于战场上的火攻。到了五代和北宋初期，火箭、火球、火蒺藜等火药武器相继出现。早期火药武器主要在于助燃，稍后发明的"霹雳炮""震天雷"等火药武器则属于燃爆型，这表明火药的原料和配方都在改进。南宋时期发明了"喷火枪""突火枪""飞火枪"等火器。这些火器在元、明时期被发扬光大，出现了"火枪""火铳""火炮"等管型火药武器（见图 2-14）。元朝还在部队编制上增设主要由汉族士兵组成并由汉人将领指挥的火器专业部队"砲手军"，作为攻城的先锋部队。

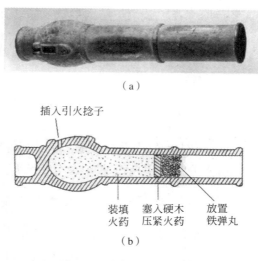

（a）

插入引火捻子

装填火药　塞入硬木压紧火药　放置铁弹丸

（b）

图2-14　明永乐年间的火铳
（a）火铳外观；（b）火铳剖面图

　　元代使用火药的规模已经非常庞大，这从一次军火库爆炸事件可见一斑。元人周密撰写的《癸辛杂识·炮祸》中，记载了忽必烈至元十七年（1280 年）扬州炮库发生的一次大爆炸事件，史称"扬州炮祸"。这次事故是接替汉人的蒙古士兵操作不当引起的，他们在碾硫黄时碰出火花，落到附近的火药上，导致枪炮库爆炸。周密描写道："火枪奋起，迅如惊蛇，方玩以为笑。未几，透入炮房，诸炮并发，大声如山崩海啸，倾城骇恐，以为急兵至矣，仓皇莫知所为。远至百里外，屋瓦皆震，号火四举，诸军皆戒严，纷扰凡一昼夜。事定按视，则守兵百人皆糜碎无余，榱栋悉寸裂，或为炮风扇至十余里外。平地皆成坑谷，至深丈余，四比居民二百余家，悉罹奇祸，此亦非常之变也。"

　　13 世纪，蒙古军队西征时把火药技术带到了阿拉伯，阿拉伯人在 14 世纪初将火药传到了欧洲。德国火药史专家拉毛基在其《炸药史》一书中指出，火药是在 1225—1250 年由中国传入阿拉伯，尔后再传入欧洲的。火药和火药武器的发明是中国古代重要的科技成就。

3 化学学科的建立

中国古人用金、木、水、火、土五行理论来说明世界万物的形成及其相互关系；古希腊人认为万物由水、火、土、气4种元素组成；古印度经卷中则提到了水、土、空气、空间、光5种元素。可见古人已经认识到，复杂的世界是由简单的元素组成的。

化学作为一门科学，是从1661年英国化学家罗伯特·波义耳（Robert Boyle）提出元素学说开始建立的。当波义耳提出元素的科学定义并建立了化学学科后，几百年来不但地球上所有的元素都被发现，人们还造了许多元素出来。化学成为一门与人类生产生活息息相关的学科，元素的发现功不可没。

不但化学的建立由元素学说开始，化学发展史上的两次重大飞跃也都与元素有关。第一次是1808年英国化学家约翰·道尔顿（John Dalton）提出的原子学说；第二次是1869年俄国化学家德米特里·伊万诺

维奇·门捷列夫（Дмитрий Иванович Менделеев）发现了化学元素周
期律。元素就是化学的基石，"化学大厦"就是由各种元素砖块垒起来的。

元素与原子概念的建立

元素说与近代化学的起点

17世纪以前，西方人在玻璃、冶金、炼金术、医药化学等方面掌
握了一些化学知识。就像中国的炼丹术一样，西方人在探索"点石成金"
的过程中积累了一些物质发生化学变化的条件和现象，发现了一些新物
质，如酒精、无机酸和一些金属盐类。到了16世纪，随着炼金术的衰
落，兴起了医药化学，人们试图用化学方法来制备药物，也获得了一些
化学知识。但是不论是炼金术还是医药化学，人们获得的知识都比较零
散，没有系统性，也存在很多错误观念。因此，当时还没有把化学作为
一门学科来确立。

1661年，英国化学家波义耳出版了一本书，叫《怀疑派化学家》
（*The Sceptical Chymist*），该书是以对话形式写的，4个哲学家在一棵大
树下争论起来，第一个代表怀疑派化学家即波义耳本人，第二个代表逍
遥派哲学家，第三个代表医药化学家，第四个是保持中立的哲学家。他
们展开了激烈的辩论，最后怀疑派化学家批驳了逍遥派哲学家的水、火、
土、气4元素说，也批驳了医药化学家的汞、硫、盐3元素说，提出了
自己的新观点——科学的元素概念。

《怀疑派化学家》的出版在化学史上具有极其重要的意义，因为它
标志着近代化学的起点。首先，波义耳把化学从炼金术和医药学中剥离

出来，将其确立为一门科学。其次，波义耳把严密的实验方法引入化学中，强调了化学必须依靠实验来确定基本定律。最后，波义耳提出了科学的"元素"概念。他给元素下的定义是："元素是指某种原始的、简单的、一点儿也没有掺杂的物体。元素不能用任何其他物体造成，也不能彼此相互造成。元素是直接合成混合物的成分，也是混合物最终分解成的要素。"现在看来，波义耳提出的元素概念接近于单质的概念，但在当时却是人类对物质认识的巨大进步。

到了 1923 年，人们对于元素终于有了清晰的认识，国际原子量委员会为元素下了一个完善的定义："化学元素是根据原子核中电荷的多寡，对原子进行分类的一种方法，核电荷数相同的一类原子称为一种元素。"

元素是组成物质的基本要素，由单一元素组成的物质叫单质，如铁和氢气（H_2）；由多种元素组成的物质叫化合物，如二氧化碳和氯化钠（$NaCl$）。

原子说 —— 化学的第一次飞跃

物质有没有最小的组成微粒，这是自古以来哲学家们就争论不休的话题。有人说物质可以无限分割，不存在最小微粒；有人说物质不能无限分割，存在最小微粒。古希腊哲学家德谟克利特（Democritus）就是不能无限分割论的支持者。他认为，物质具有固有的最小颗粒性，每一件东西其实都是由数目巨大的、类型不同的最小颗粒组成的，他把这种最小颗粒称为"原子"，在希腊文中的意思是"不可分割的"。

　　古人的争论只能停留在哲学层面上，因为他们没有任何证据来证明自己的观点，但是随着化学的发展，人们开始从科学意义上来探寻物质的组成。

　　1803 年，英国化学家道尔顿发现，在化学反应中，参加反应的物质总是按照一定的比例组合的，他认为这一事实只能用原子聚合在一起形成化合物来解释。1808 年，他出版了《化学哲学新体系》（*A new system of chemical philosophy*）一书，指出物质存在着基本组成单元——原子，不同单质由不同原子组成。他认为原子是一个个不可分割的坚硬的小球，当这些原子按一定比例组合时，就能产生出各种不同化合物。他还设计了一系列符号来表示各种原子和化合物（见图 3-1）。由于化合物是由各种原子组成，而原子又是不可分割的，所以化合物的各种元素配比必定是简单的整数比例，如 1∶1 或者 2∶3，而化学反应就是反应物的原子重新排列组合变成生成物的过程。

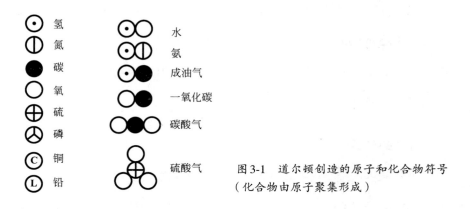

图 3-1　道尔顿创造的原子和化合物符号（化合物由原子聚集形成）

　　道尔顿的观点在当时引起了激烈的争论，有人支持也有人反对，直到 100 年以后得到了更可靠的实验证据，争论才平息下来，人们才彻底接受了原子的概念。

之所以引起争论，是因为原子太难看到了！以我们人类的尺度来衡量，原子实在是太小太小了！一个原子只有 0.1~0.2 nm 大小，一滴水里就包含了大约 10 万亿亿个原子。打个比方来说，如果原子有网球那么大，那么网球就会变得像地球一样大！好在，随着科技的发展，现在人们已经可以通过放大倍数达上千万倍的显微镜直接看到一个个原子（见图 3-2）。原子的存在是毋庸置疑的。

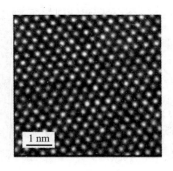

图 3-2　用透射电镜拍到的晶体硅表面的原子排布图像

原子说的提出是化学的一次重大飞跃。著名物理学家理查德·费曼（Richard Feynman）曾说过，如果由于某种大灾难，所有的科学知识都丢失了，只有一句话能传给下一代，那么这句话应该是："所有物体都是由原子构成的。"

原子的分类

纵然原子已经小得不可想象，但后来人们发现，原子竟然还能分割成更小的粒子。原子是由原子核和电子组成的，原子核在原子中心，电子绕着原子核运动。原子核非常非常小，如果把原子放大到一个足球场那么大，那原子核只有绿豆那么小！而跟原子核相比，电子更是小得几乎没有体积。也就是说，原子内部大部分地方都是真空。

进一步研究发现，原子核又由质子和中子组成。电子带负电荷，质子带正电荷，中子不带电荷。质子和中子的质量差不多，可是它们却比电子重得多，是电子质量的 1800 多倍，所以原子核占据了整个原子质量的 99.99% 以上。在原子中，电子数和质子数是相同的，这样正负电荷相互抵消，原子才能呈电中性。

因为原子是由质子、中子和电子组成的，所以只要这几种粒子的数目不一样，就是不同的原子。人们按所含质子数的多少给原子进行了编号，叫原子序数。1 号原子是氢原子，它含有 1 个质子，2 号原子是氦原子，它含有 2 个质子，3 号原子是锂原子，它含有 3 个质子（见图 3-3）。每增加一号，质子数就多一个，自然界存在的原子可以排到 92 号，还有很多人工合成的原子，目前已经排到 120 号。

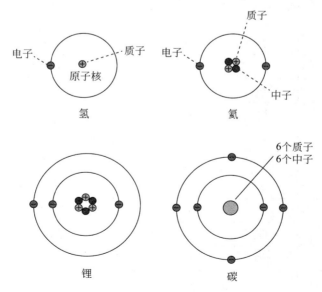

图 3-3　不同原子序数的原子结构简图

因为原子是电中性的，所以电子数和质子数相同，这样也可以根据电子数来区分原子序数，即原子序数 = 质子数 = 电子数。

有些原子虽然含的质子数一样，但是中子数却不同，这些质子数相同而中子数不同的原子互相叫作同位素。例如，1 号元素氢有 3 种同位素：氕（^1H）、氘（^2H）、氚（^3H）。氕、氘和氚的原子核中都有 1 个质子，但是却分别有 0 个中子、1 个中子及 2 个中子，所以它们互为同位素。我们一般所说的氢指的就是氕，而氘又叫重氢，氚又叫超重氢。

因为同位素的存在，所以不能说一种原子是一种元素，只能说原子序数相同的一类原子称为一种元素。由于元素种类众多，人们给每一种元素都规定了一个化学符号——元素符号，常见元素符号如表 3-1 所示。

表 3-1 常见元素的元素符号

原子序数	元素名称	元素符号	元素常见场合
1	氢	H	水、氢气、有机物
2	氦	He	超低温冷冻剂
3	锂	Li	锂离子电池
4	铍	Be	X 射线管
5	硼	B	合金钢、玻璃
6	碳	C	有机物、二氧化碳、石墨
7	氮	N	氮气、氮肥、硝酸、有机物
8	氧	O	水、氧气、有机物
9	氟	F	氟气
10	氖	Ne	霓虹灯
11	钠	Na	食盐、氢氧化钠、碳酸钠
12	镁	Mg	镁合金、叶绿素

续表

原子序数	元素名称	元素符号	元素常见场合
13	铝	Al	铝合金
14	硅	Si	硅酸盐、半导体
15	磷	P	骨骼、磷肥、火柴
16	硫	S	硫黄、橡胶、硫酸
17	氯	Cl	氯气、食盐、漂白剂、消毒剂
18	氩	Ar	氩气
19	钾	K	钾肥、氢氧化钾
20	钙	Ca	石灰、骨骼
22	钛	Ti	钛合金、钛白粉
24	铬	Cr	不锈钢
25	锰	Mn	锰钢、锌锰电池
26	铁	Fe	铁器、钢
28	镍	Ni	不锈钢、镍合金
29	铜	Cu	电线、合金
30	锌	Zn	镀锌板、锌锰电池
47	银	Ag	银器、银币
50	锡	Sn	马口铁、青铜、焊锡
74	钨	W	合金钢、灯丝
78	铂	Pt	白金、催化剂
79	金	Au	金器、金币
80	汞	Hg	水银
82	铅	Pb	铅酸电池、焊锡
92	铀	U	核电站、原子弹

按图索骥——元素周期表的发现

元素的发现历史

元素不是一朝一夕发现的。从远古到 1661 年，几千年间人们一共才发现了 13 种元素：金、银、铜、铁、锡、铅、汞、锌、铋、锑、碳、硫、砷。

1661 年到 1799 年发现的元素有 14 种：磷、钴、镍、铂、氢、氮、锰、氧、钨、碲、钛、铀、钼、铬。

1800 年到 1850 年发现的元素有 31 种：钯、锇、铈、铑、铱、钠、钾、镁、钙、锶、铍、硼、氯、碘、锂、镉、硒、硅、钽、溴、铍、铝、锆、钇、镧、钍、钒、铒、铽、铌、钌。

1851 年到 1900 年发现的元素有 25 种：铷、铯、铊、铟、镓、镱、钪、钐、钬、铥、钆、锗、镨、钕、氟、镝、氩、氖、氦、氪、氙、镎、钋、镭、锕。

拉瓦锡的化学元素列表

燃烧，是人们自远古以来就习以为常的现象，但是直到 18 世纪的时候，人们对燃烧现象还没有正确的解释。法国化学家拉瓦锡做了大量的燃烧实验，他通过使用天平，应用定量分析的方法进行研究，最后在 1777 年向巴黎科学院提交了一篇题为《燃烧概论》（*Introduction brûlante*）的报告，指出物质只有在氧气存在时才能燃烧，并指出物质在空气中燃烧时，吸收了其中的氧气，因而增重，所增加的重量就等于吸收的氧气重量。他还发明了"氧化"和"还原"两个专用术语来代表

"物质与氧结合"和"物质除去氧"的过程。

1787年，拉瓦锡和几个同行一起合作编写了《化学命名法》。这套命名法清晰而科学，奠定了近代化学术语的基础，给后代的化学家们扫清了许多障碍。

1789年，拉瓦锡总结自己多年来的研究心得，出版了化学史上第一部真正意义的教科书——《化学概论》（*Elementary treatise of chemistry*）。在《化学概论》中，他对"元素"给出了一个明确的定义，发表了近代化学史上第一个化学元素列表，列出了33种元素（由于历史的局限，其中一些实际上是化合物），并将它们分成四大类。这张元素表使得当时零碎的化学知识逐渐清晰化，对化学的发展具有重要的意义。

在《化学概论》中，拉瓦锡强调了定量分析的重要性，并从实验的角度明确阐述了质量守恒定律："我们可以确定这样一个无可争辩的公理，在一切人工和天然操作中，什么也没有产生，实验前后存在等量物质，元素的性质和数量完全相同，只是在这些元素的结合过程中发生了更换。"

拉瓦锡的工作为化学的发展奠定了坚实的基础，他也因此被后世尊称为"现代化学之父"。

门捷列夫的故事

1834年，门捷列夫出生在俄国的西伯利亚。13岁时，他的父亲去世。14岁那年，门捷列夫中学毕业，他的母亲变卖家产，带着他长途跋涉几千公里，历经1个多月来到莫斯科，想送他上大学，但因为莫斯科的大学不收西伯利亚人，而被禁止入学。他们没有放弃，母子二人用最后剩下的一点儿钱来到圣彼得堡。16 岁时，门捷列夫终于被一所师范学院录取，而他的母亲于同年去世。这位伟大的母亲上演了一出俄国版的"孟母三迁"的故事，而门捷列夫也没有辜负她的期望。

1869 年 3 月，已经成为化学家的门捷列夫根据元素的原子量及其化学性质近似性，得到了试排的元素表，他委托助手在俄国化学学会宣读了题为《元素性质与原子量之间的关系》（*The Dependence between the Properties of the Atomic Weights of the Elements*）的论文，提出了他的第 1 张元素周期表（见图 3-4）。门捷列夫在表中初步实现了使元素系统化的任务，把当时已发现的 63 种元素全部排列在表中。而且，全表设计了 67 个位置，4 个空位只有原子量而没有元素名称，这是他预言的未知元素。同时，他还对钍、碲、金、铋等元素的原子量表示了怀疑。

				Ti 50	Zr 90	? 100
				V 51	Nb 94	Ta 182
				Cr 52	Mo 96	W 186
				Mn 55	Rh 104.4	Pt 197.4
				Fe 56	Ru 104.4	Ir 198
			Ni=Co 59		Pd 106.6	Os 199
H 1				Cu 63.4	Ag 108	Hg 200
	Be 9.4	Mg 24		Zn 65.2	Cd 112	
	B 11	Al 27.4		? 68	U 116	Au 197?
	C 12	Si 28		? 70	Sn 118	
	N 14	P 31		As 75	Sb 122	Bi 210?
	O 16	S 32		Se 79.4	Te 128?	
	F 19	Cl 35.5		Br 80	I 127	
Li 7	Na 23	K 39		Rb 85.4	Cs 133	Tl 204
		Ca 40		Sr 87.6	Ba 137	Pb 207
		? 45		Ce 92		
		Er? 56		La 94		
		Yt? 60		Di 95		
		In 75.6?		Th 118?		

图 3-4　门捷列夫的第 1 张元素周期表

1871 年，门捷列夫发表了他的第 2 张元素周期表，并且给元素周期律下了定义："元素（以及由元素所形成的单质和化合物）的性质周期性地随着它们的原子量而改变。"他将周期表由竖版改为横版，使同族的元素处于同一竖行中，这样更突出了元素性质的周期性。

门捷列夫在周期表中预言了"类硼""类铝""类硅"等新元素，他不但预言新元素的存在，还预言了新元素的物理、化学性质，这些预言与后来的发现惊人地一致："类硼"就是钪，"类铝"就是镓，"类硅"就是锗。

门捷列夫还依据周期表中某一元素周围元素的原子量，大胆地修改了 15 种元素的原子量，指出这些元素的原子量测量不准确。后来经过科学家们仔细地重新测定，证明他的大部分修改是正确的。

元素周期表在化学界引起了强烈的反响，门捷列夫也因此入选了 1906 年诺贝尔化学奖候选人名单，另一位候选人是法国化学家亨利·莫瓦桑（Henri Moissan），他制备出了氟气（氟气非常活泼，几乎与所有物质反应，很难单独存在，所以很难制备）。当时瑞典科学院投票表决时，10 名委员中有 5 名投莫瓦桑，4 名投门捷列夫，1 名弃权，结果莫瓦桑以一票的优势胜出。1907 年 1 月，门捷列夫逝世，这样他就失去了再被评选的可能，留下了化学史上永久的遗憾。

元素周期表与元素的分类

目前发现的 100 多种元素分为金属元素和非金属元素，可以通过元素周期表中硼 – 硅 – 砷 – 碲 – 砹和铝 – 锗 – 锑 – 钋之间的对角线来区分（见图 3-5）。其中，位于对角线左下方的都是金属元素，右上方的都是非金属元素。这条对角线附近的硼、硅、锗、砷、锑、碲等元素因其单质的性质介于金属和非金属之间，故称为准金属或半金属元素，多数可作半导体使用。

H 氢													非金属元素				He 氦
Li 锂	Be 铍											B 硼	C 碳	N 氮	O 氧	F 氟	Ne 氖
Na 钠	Mg 镁	金属元素										Al 铝	Si 硅	P 磷	S 硫	Cl 氯	Ar 氩
K 钾	Ca 钙	Sc 钪	Ti 钛	V 钒	Cr 铬	Mn 锰	Fe 铁	Co 钴	Ni 镍	Cu 铜	Zn 锌	Ga 镓	Ge 锗	As 砷	Se 硒	Br 溴	Kr 氪
Rb 铷	Sr 锶	Y 钇	Zr 锆	Nb 铌	Mo 钼	Tc 锝	Ru 钌	Rh 铑	Pd 钯	Ag 银	Cd 镉	In 铟	Sn 锡	Sb 锑	Te 碲	I 碘	Xe 氙
Cs 铯	Ba 钡	La-Lu 镧系	Hf 铪	Ta 钽	W 钨	Re 铼	Os 锇	Ir 铱	Pt 铂	Au 金	Hg 汞	Ti 铊	Pb 铅	Bi 铋	Po 钋	At 砹	Rn 氡
Fr 钫	Ra 镭	Ac-Lr 锕系	Rf 𬬻	Db 𬭊	Sg 𬭳	Bh 𬭛	Hs 𬭶	Mt 鿏	Ds 𫟼	Rg 𬬭							

La 镧	Ce 铈	Pr 镨	Nd 钕	Pm 钷	Sm 钐	Eu 铕	Gd 钆	Tb 铽	Dy 镝	Ho 钬	Er 铒	Tm 铥	Yb 镱	Lu 镥
Ac 锕	Th 钍	Pa 镤	U 铀	Np 镎	Pu 钚	Am 镅	Cm 锔	Bk 锫	Cf 锎	Es 锿	Fm 镄	Md 钔	No 锘	Lr 铹

图 3-5　化学元素周期表

统一认识——化学语言的形成

分子学说的提出

1811 年，意大利科学家阿莫迪欧·阿伏伽德罗（Amedeo Avogadro）在原子说的基础上提出了分子说：分子是由原子组成的。单质分子由相同元素的原子组成，比如氢气分子（H_2）由 2 个 H 原子组成，氧气分子（O_2）由 2 个 O 原子组成。化合物分子由不同元素的原子组成，比如水分子（H_2O）由 2 个 H 原子和 1 个 O 原子组成。在化学变化中，分子中的原子会进行重新组合（见图 3-6）。

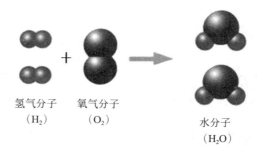

氢气分子　　氧气分子
（H_2）　　　（O_2）

水分子
（H_2O）

图 3-6　氢气燃烧生成水的反应过程中原子的重新组合

原子是非常小的，其尺寸只有 10^{-10} m 数量级。分子也是非常小的，阿伏伽德罗发现，在同温同压下，相同体积的任何气体都含有相同的分子数，这一规律被称为阿伏伽德罗定律。现在我们知道，常温常压下体积约为 22.4 L 的气体所含的分子数是 6.022×10^{23} 个，这个巨大的数字被称为阿伏伽德罗常数。人们把它作为衡量物质所含粒子数目的基本单位，命名为"摩尔"，符号为 mol，1 mol 就代表 6.022×10^{23} 个粒子。

随着对物质结构认识的加深，人们发现，并不是所有物质都由分子组成。例如，冰由水分子组成，但各种金属就是由一个个原子堆积而成，而食盐（NaCl）则是由钠离子（Na^+）和氯离子（Cl^-）组成。冰由水分子组成，所以当冰融化后变成水，水仍然由水分子组成，不过水分子可以自由移动；铁由铁原子组成，当铁熔化后，铁水就变成可自由移动的铁原子；食盐是由钠离子和氯离子组成，当食盐熔化后，就变成可自由移动的钠离子和氯离子。

离子

19世纪30年代，英国著名物理学家、化学家迈克尔·法拉第（Michael Faraday）进行了大量电化学方面的研究，并提出了"离子"的概念。

当原子得到或失去电子后，就变成了带负电荷或正电荷的粒子，称为离子。带负电荷的称为阴离子，如Cl得到1个电子变成Cl^-、O得到2个电子变成O^{2-}等；还有一些原子团整体得到电子变成阴离子，如氢氧根离子（OH^-）、硝酸根离子（NO_3^-）、硫酸根离子（SO_4^{2-}）、亚硫酸根离子（SO_3^{2-}）等。带正电荷的称为阳离子，如Na失去1个电子变成Na^+、Mg失去2个电子变成Mg^{2+}等；还有一些原子团整体失去电子变成阳离子，如铵根离子（NH_4^+）。

化学家的词汇 —— 化学式

化学出现之初，并没有统一的"语言"，各国化学家各行其是，化学符号的使用与表示极为混乱。1860年，第一次国际化学家代表大会在德国召开，目的就是统一各国混乱的化学概念与符号。当时著名的化学家基本上都出席了这次会议，包括门捷列夫。与会的140多位化学家经过激烈讨论，最终采纳了意大利化学家斯坦尼斯劳·康尼查罗（Stanislao Cannizzaro）的建议，明确了原子–分子学说，确立了统一的原子量体系，并统一了书写化学式和化学方程式的原则。

借助元素符号，化学家们可以把所有物质都用化学式表示出来，例如，铁是Fe、氢气是H_2、水是H_2O、二氧化碳是CO_2、氯化钠是

NaCl，等等。这种用来表示物质组成的化学符号组合体叫作化学式。

如果一个化学式能正确地反映出一种分子的组成，那么这个化学式叫作分子式。例如，CO_2 表明二氧化碳分子是由 1 个碳原子和 2 个氧原子组成的，因而 CO_2 是一个分子式。

但是，有一些固体物质，如食盐（NaCl）、氢氧化钠（NaOH）、硅酸盐等，它们没有独立的分子，因此化学式不能叫分子式。例如，食盐中，1 个钠原子被 6 个氯原子上下、左右、前后包围着（可参见图 5-19），化学键强度都一样，你没法区分这个钠原子到底和哪个氯原子组成一个分子，因此，食盐中没有分子，它的化学式 NaCl 只表示食盐中所含的 Na 原子数量与 Cl 原子数量的比值是 1∶1。大量 Na 原子与 Cl 原子组成 NaCl 以后，Na 的外层电子会被 Cl 夺去，变成 Na^+ 和 Cl^-。

化学家的语言 —— 化学方程式

用化学式以及一些特定的符号来表示化学反应的式子叫作化学反应方程式。方程式左边是反应物，右边是产物，中间用长等号相连，反应条件可以写在等号上方（条件较多时可分别写在等号上方和下方），气体逸出或沉淀产物用 ↑ 或 ↓ 表示。化学反应前后原子的种类和数目不变，因此方程式需要配平，即在各物质前加上系数来保证反应式两边同种原子数目相等。例如，水电解生成氢气和氧气的化学方程式如下：

$$2H_2O \xrightarrow{\text{通电}} 2H_2\uparrow + O_2\uparrow$$

另外，如果强调反应可逆，方程式里的等号可以用可逆符号来代替（ $\rightleftharpoons$ ）；如果强调反应的单向性，可以用箭头（ $\longrightarrow$ ）来代替等号。

4 元素的发现与应用

元素的发现过程，也是化学的发展过程，伴随着元素的发现，人们认识到越来越多的化学规律与现象，从而进一步衍生出各种学科的化学分支学科门类，如电化学、光谱分析、半导体化学、核化学与放射化学等。可以说，化学元素的发现史，就是早期的化学发展史。

对于任何一个学化学的人来说，了解化学元素的发现史，初步认识各种元素，是迈入化学之门的必经之路。

电化学与碱金属、碱土金属元素的发现

在元素的发现史上，碱金属和碱土金属主要是通过电化学方法发现的。"碱"是与"酸"对应的一个概念。电化学是由电池、电镀、电解的研究发展起来的化学分支。

化学中的基本概念 —— 酸和碱

酸和碱是化学中的基本概念，也是我们日常生活中经常提到的概念。人们对酸碱的认识经历了一个由浅入深的过程。最初，人们是根据味觉来区分酸和碱的：具有酸味的物质是酸，如醋；而有涩味、滑腻感的物质是碱，如小苏打。后来，人们根据酸碱能使某些试剂变色的特点进一步提出，能使紫色石蕊[①]试液变为红色的物质是酸，而能使其变蓝的物质是碱。

1884 年，瑞典化学家斯万特·奥古斯特·阿伦尼乌斯（Svante August Arrhenius）提出了酸碱电离理论，并指出，在水溶液中电离出氢离子（H^+）是酸的特征，如盐酸（HCl）、硫酸（H_2SO_4）；在水溶液中电离出氢氧根离子（OH^-）是碱的特征，如 NaOH、$Ca(OH)_2$。这是现代酸碱理论的开端，一直沿用至今。

很多盐类，既不含 H^+，也不含 OH^-，但它们却具有酸碱性，如碳酸钠（Na_2CO_3）溶液呈碱性、氯化铵（NH_4Cl）溶液显示酸性。这是由于水能电离出极微量的 H^+ 和 OH^-，本来 H^+ 和 OH^- 是一样多的，但由于盐类与水的作用，使 H^+ 和 OH^- 浓度发生了变化，从而呈现出酸碱性。

碱金属和碱土金属的由来

早些时候，欧洲把所有呈碱性的物质都泛称为碱，但是因为不同物质的碱性强弱不同，所以后来又分为温和碱和苛性碱。温和碱呈弱碱性，

[①]　石蕊是一种地衣植物，从中提取出的蓝色色素溶在水中显紫色，这就是石蕊试液。

如碳酸钾、碳酸钠；苛性碱呈强碱性，如氢氧化钾、氢氧化钠。

周期表中第一列除氢（H）外的 6 种金属元素统称为碱金属，即锂（Li）、钠（Na）、钾（K）、铷（Rb）、铯（Cs）、钫（Fr）。因为它们的氢氧化物都是强碱（如 KOH、NaOH），故称为碱金属。碱金属的氢氧化物在水中都是易溶的。

周期表中第二列的 6 种金属元素统称为碱土金属，包括铍（Be）、镁（Mg）、钙（Ca）、锶（Sr）、钡（Ba）、镭（Ra）。除氢氧化铍 $[Be(OH)_2]$ 外，其他碱土金属对应的氢氧化物也呈强碱性，但是这些氢氧化物在水中溶解度很小，极易沉淀。化学史上把难溶于水、难熔融的性质称为"土性"（像土一样的性质）。这些元素既具有"碱性"，又具有"土性"，故被称为碱土金属。

最早的电池 —— 伏打电堆

1799 年，意大利电学家伏打（Volta）发明了世界上第一种电池——伏打电堆，并于 1800 年宣布了这项发明。

伏打在圆形的锌片和铜片中间放上一块用盐水浸湿的麻布片，做成一对电极，然后把许多对电极一层一层叠放起来，最后，用两条金属线分别与顶面上的锌片和底面上的铜片焊接起来，这样，两金属线之间就会产生几伏特的电压（见图 4-1）。叠放的电极对数越多，电压就越高，如果把铜片换成银片，则效果更好。

伏打电堆的发明引起了科学界的轰动，这是人类历史上第一次发明电池，也是第一次产生可人为控制的持续电流，为后续的电学和电化学研究开辟了道路。

图4-1 伏打电堆

发现元素最多的人 —— 戴维

伏打电堆发明后，人们很快就利用它进行了电解水的研究。英国化学家戴维对此进行了深入的思考，他想知道电既然能分解水，那么能不能分解盐呢？于是他开始研究各种物质的电解作用。1801年，戴维用200多个伏打电堆组装了一个巨型电池组，开始了他的电解探索之旅。

经过大量尝试，1807年，戴维终于发明了熔盐电解法。他把苛性钾（KOH）用一点水润湿，然后通电电解。在强电力作用下，苛性钾很快就熔融分解，在阴极上出现了具有金属光泽的、类似水银的小珠。经过分析，戴维确认这些小珠是一种新元素，他发现了金属钾。几天之后，他又电解熔融碳酸钠，发现了金属钠（见图4-2）。钾和钠都是银白色蜡状金属，非常软，可用刀切，都比水轻且和水反应。钠燃烧时呈黄色火焰，钾燃烧时呈紫色火焰（见图4-3）。

图 4-2　金属钠

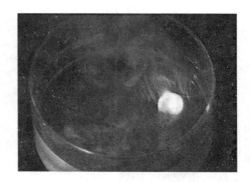

图 4-3　金属钾与水的反应（金属钾和水的反应很激烈，燃烧并发出紫色火焰，反应结束时，有轻微的爆炸声）

　　戴维在电解获得钾和钠后，就试验电解石灰（主要成分为氧化钙）。他开始只用石灰进行电解，没有成功。后来他把石灰与氧化汞混合后进行电解，但只获得少量钙汞齐（钙和汞的合金），不足以把金属钙分离出来。

　　1808 年，戴维从别人的实验中得到启发，改进了实验装置，在石灰与氧化汞混合物中作一洼穴，灌入水银，插入铂丝与电池负极相连。这样电解终于得到较大量的钙汞齐，把钙汞齐蒸馏除去汞后就得到了金属钙。很快，他就用同样的方法电解重晶石（硫酸钡）、苦土（氧化镁）、氧化锶等物质与氧化汞的混合物，得到钡汞齐、镁汞齐、锶汞齐，然后分离制得了金属钡、镁、锶。他一下子又发现了 4 种元素！镁、钙、锶、钡都是银白色金属，镁是比铝还轻的轻金属，钙、锶和钡都是质地比较柔软的金属，钡盐除硫酸钡外皆有毒。

　　在 1807—1808 年的两年时间内，戴维通过电解分离出钾、钠、钙、锶、钡、镁等多种碱金属和碱土金属元素，他也成为历史上发现元素最多的人。

电解法制取金属

把酸、碱、盐溶于水中，它们会分解成各种可自由移动的离子，因此，这种水溶液能导电，称为电解质溶液。将与电池（或直流电源）连接的两个电极插入电解质溶液中，使电流通过电解液，在阴极和阳极上引起电化学反应的过程就是电解。例如，电解水，通常采用 NaOH 稀溶液作为电解液，水在电流作用下分解，阴极上会产生氢气，阳极上会产生氧气（见图 4-4）。

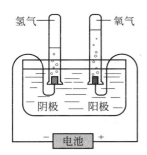

图 4-4　电解水

电解除了能在水溶液中进行，还可以在熔融盐中进行，这就是戴维发明的熔盐电解法。例如，加热 NaCl 晶体使之熔化为液态，由于其中含有可以自由移动的 Na^+ 和 Cl^-，故具有离子导电性，可以导通电流。现在，产量仅次于钢铁、居世界金属产量第二位的铝，就是通过电解冰晶石 – 氧化铝（$Na_3AlF_6-Al_2O_3$）熔盐生产的。熔盐电解法还可以制取锂、钠、钾、镁、钙等轻金属及一些镧系金属。

元素分析的利器——原子光谱

在元素发现史上，光谱分析法起到了非常重要的作用，很多含量极微的元素都是靠光谱分析而确认为新元素的。每个元素都有自己独特的光谱，就像人的指纹一样，光谱可以帮助化学家们判断元素的种类。

火焰光谱中的亮线

1854 年，德国化学家罗伯特·威廉·本生（Robert Wilhelm Bunsen）发明了一种煤气灯，这种灯可以让煤气和空气一起进入管道，因此煤气能得到充分的燃烧，火焰几乎是无色的，温度可达 1500℃。他试着把各种物质放到这种灯上灼烧，发现当含钠的物质放进去时，火焰变成了黄色，含钾的物质火焰呈紫色，含锶的物质是洋红色，含钡的物质则是黄绿色。经过一系列实验，本生相信，自己发现了一种重要的元素分析方法：只要将化学物质放在灯上一烧，它含有什么元素，一下子就知道了。可是，如果物质中含有多种元素，焰色就会相互干扰难以分辨，这个问题把他难住了。

本生向他的朋友——物理学家古斯塔夫·罗伯特·基尔霍夫（Gustav Robert Kirchhoff）求助，基尔霍夫建议他用光谱仪研究这种焰色反应。他们把各种物质放到火焰上灼烧，物质在高温下会变成炽热的蒸气并发出光。令他们惊奇的是，当这种光通过分光镜后，竟然被分解成由分散的彩色线条组成的线状光谱（见图 4-5）。钾蒸气的光谱里有 2 条红线，1 条紫线；钠蒸气有 2 条挨得很近的黄线；锂的光谱由 1 条亮的红线和 1

条较暗的橙线组成；铜蒸气有好几条光谱线，其中最亮的是 2 条黄线和 1 条橙线；等等。他们发现了原子发射光谱！

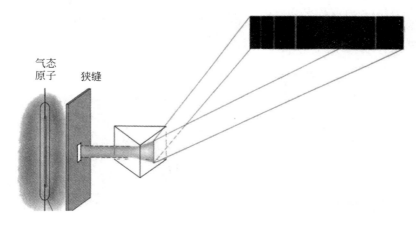

气态原子　狭缝

图 4-5　原子发射光谱的测试原理

光谱分析法的建立

在基尔霍夫和本生发现的原子发射光谱中，每一条谱线对应一种波长的光。1859 年，他们又有新发现：一种元素能发射什么波长的光，它也就能吸收什么波长的光，两者完美对应。研究证明，每种化学元素都有自己独特的光谱，一种元素，无论是游离态还是化合态，它的特征光谱线是一样的，就像每个人都有自己独特的指纹一样。他们发现了元素的"指纹"，这样就找到了一种可靠的探索和分析物质成分的方法——光谱分析法。光谱分析法对元素的分析灵敏度非常高，能够检测出几百万分之一克甚至几十亿分之一克的微小含量。

现在我们知道，光谱线是电子在不同能级之间跃迁产生的（见图 4-6）：电子从高能级向低能级跃迁时会发射特定能量的光子，由此产生的是发射光谱；反之，电子吸收特定能量的光子就会从低能级向高能级跃迁，由此产生的就是吸收光谱。由于电子能级是固定的，所以吸收光谱与发射光谱的谱线位置是一样的。吸收光谱是暗线，发射光谱是亮线。

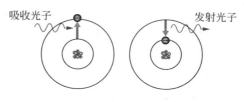

图 4-6　电子在能级之间跃迁

铯和铷的发现

本生和基尔霍夫创建光谱分析法后，1860 年，他们开始用这种方法寻找新元素。他们知道矿泉水中含有丰富的金属元素，于是从德国中部找来 40 t 矿泉水进行研究。他们先蒸发水分，然后除去 Ca、Sr、Mg、Li 等元素，用铂丝蘸取剩余液体在火焰上灼烧，用分光镜进行光谱观察，结果发现光谱中有 2 条不知来源的明亮蓝线——这肯定是一种新元素的谱线。

虽然没有提取出新元素，但他们还是按拉丁文"天蓝色"将此元素命名为 Cesium（铯）。柏林科学院承认了新元素的发现。直到 20 年后的 1881 年，金属铯才由德国化学家卡尔·希欧多尔·塞特伯格（Carl Theodor Setterberg）通过电解熔融氰化铯而制得。铯是银白色金属（略显金黄），非常柔软，具有延展性，熔点很低（28.45℃）。

1861 年，本生和基尔霍夫把锂云母（含有锂、铷、铯等多种元素的矿物）制成溶液，加入少许氯铂酸后得到大量沉淀。通过不断用沸水洗涤沉淀物，然后用分光镜进行光谱分析，最后终于发现一条从未见过的深红色光谱线，于是他们断定发现了一种新元素，按拉丁文"深红色"命名新元素为 Rubidium（铷）。铷是银白色蜡状金属，质软而轻。

铯和铷是最早用光谱分析法发现的元素，后来，还有约 20 种元素通过光谱分析法被发现。光谱分析法成为元素发现史上的大功臣。

卤族元素

卤素

位于周期表倒数第 2 列的元素叫作卤族元素（简称卤素），包括氟、氯、溴、碘、砹 5 种非金属元素。"卤"这个字的原意是成盐，因为这些元素跟金属的化合物都是典型的盐类物质，如食盐（NaCl）、光卤石（$KCl \cdot MgCl_2 \cdot 6H_2O$）、溴化钾（KBr）等。

常温下，氟、氯是气体，溴是液体，碘是固体。卤素单质的颜色从氟到碘逐渐变深：氟气（F_2）浅黄色，氯气（Cl_2）黄绿色，溴（Br_2）红棕色，碘（I_2）紫黑色。

卤素是很活泼的非金属元素，能与大多数元素直接化合生成化合物。正是由于其活泼性，在自然界中很难找到游离状态的卤素，相反，卤素化合物却分布十分广泛。元素化学性质越活泼，其化合物的稳定性就越好。在卤素中，氟气是最活泼的，因此，它的化合物也是最稳定的。例如，氟化钠（NaF）就比溴化钠（NaBr）更稳定，因此，将氟气通入熔融的 NaBr 中，会发生反应让 NaBr 变成更稳定的 NaF，同时会将溴置换出来，反应如下：

$$F_2 + 2NaBr == 2NaF + Br_2$$

最艰难的课题 —— 氟气的制备

1773 年，瑞典化学家卡尔·威尔海姆·舍勒（Carl Wilhelm Scheele）发现，软锰矿（MnO_2）溶解在盐酸中加热会生成一种令人窒息的黄绿色气体，这实际上就是氯的单质氯气，但他误以为是一种化合物。直到 1810 年，戴维才确认这种气体是一种新元素的单质，他根据希腊文"黄绿色"将这种元素命名为 Chlorine（氯）。

当时实际上人们已经制备出了氢氟酸（HF），但不能正确认识它。戴维确认氯是一种新元素以后，法国的安德鲁 – 玛立·安培（Andre-Marie Ampere）对比了盐酸（HCl）和氢氟酸的性质后指出，氢氟酸中可能含有与氯相似的元素，他将其命名为"氟"。安培的发现引起了戴维极大的兴趣，他决定要制取氟气。1813 年，戴维用他最擅长的电解法，打算电解氟化物来制取氟气。他用金和铂做容器，但都被腐蚀了。后来改用萤石[①]（CaF_2）做容器，腐蚀问题虽然解决了，却还是得不到氟气，而他则因在实验中接触含氟气体而导致眼睛和肺部严重受损，不得不停止了试验。

现在我们知道，氟气（F_2）是淡黄色的气体，有毒，它是最活泼的

---

① 萤石是一种氟化钙矿物，在紫外线照射下会发出荧光。萤石呈玻璃光泽，晶体常呈立方体或八面体单晶，颜色多样，有紫、红、黄、蓝、绿、白或无色等。传说中的夜明珠多由萤石制成。

非金属物质，有极剧烈的化学反应性。除了氮气、氧气、某些稀有气体以及一些氟化合物（如聚四氟乙烯）以外，氟气能与所有的金属和非金属直接化合，而且反应通常十分剧烈，许多物质与氟气反应都能燃烧或爆炸。继戴维以后，很多化学家曾尝试制取游离状态的氟气，但都以失败告终，甚至有两位化学家因吸入有毒烟气而丧生。制备氟气，成为当时化学界最危险的课题。

1872 年，法国化学家莫瓦桑开始挑战这个课题，他曾因中毒而 4 次中断试验，但他仍没有放弃。1886 年，他选用昂贵的铂铱合金做电解容器，用萤石做塞子，在低于 –23℃的低温下，将氟氢化钾（KHF_2）溶解在无水氟化氢（HF）液体中进行电解，终于获得了氟气。多少年来化学家们梦寐以求的氟气终于露出了真面目，莫瓦桑也因此击败门捷列夫获得了 1906 年的诺贝尔化学奖。

氯气与消毒剂

1773 年，瑞典化学家舍勒发现，软锰矿（MnO_2）溶解在盐酸中加热就会生成一种令人窒息的黄绿色气体，这实际上就是氯的单质氯气。但由于他信奉燃素说，没认识到这是一种元素，而称之为"脱燃素盐酸"。几年后，拉瓦锡推翻了燃素说，但提出一切酸中都含有氧的错误观点。于是人们又把这种黄绿色的气体称为"氧化盐酸"，认为它是一种氧化物。直到 1810 年，戴维做了磷和碳在"氧化盐酸"中的燃烧实验以及氢气与"氧化盐酸"的反应实验，所有反应产物都证明"氧化盐酸"中不含氧，他以无可辩驳的事实证明了所谓的"氧化盐酸"不是化合物，而是一种新元素的单质。氯气由此被正式发现。

氯气是有毒的，第一次世界大战期间，氯气曾被作为化学武器使用。但是，如果将氯气通入水中，会生成具有杀菌消毒作用的次氯酸（HClO），因此，氯气过去一直被用来作为自来水的消毒剂。再后来，科学家们发现氯气会与自然水源中的腐殖物反应，生成三氯甲烷（$CHCl_3$）等有机氯化物，这些物质是致癌物，会对人体造成危害，于是，人们找到一种更安全的消毒剂——二氧化氯（ClO_2）。

二氧化氯是一种黄绿色气体，浓度较大时，呈现黄红色。与氯气不同，二氧化氯不易水解，在水中大多以单独的 ClO_2 分子形式存在。二氧化氯在水中的杀菌消毒效果好于氯气，而且不会生成有机氯化物，安全性很好。每吨水加入 0.1 ~ 1 g 二氧化氯就能起到很好的杀菌消毒效果。

溴、碘、砹的发现

溴是暗红色液体，发红棕色烟雾，它是唯一在室温下呈液态的非金属元素。1824 年，法国一所药学专科学校的学生巴拉德（Balard）从家乡的盐湖水中分离出了纯净的溴。1826 年，法国科学院肯定了巴拉德的实验结果，把溴定名为 Bromine，来自希腊文"恶臭"一词。

1811 年，法国商人库图瓦在用浓硫酸清洗放海藻灰的容器时，发现容器中竟冒出一股紫色气体，这种气体冷凝后会变成黑紫色的固体。就这样，碘被发现了。库图瓦看到的紫色气体就是升华后的碘蒸气。后来碘被命名为 Iodine，源自希腊文"紫色"一词。碘是黑紫色有金属光泽的晶体，性脆、易升华。在海带、海藻等海产品中碘元素含量很高。

砹（At）是高放射性的卤素，半衰期很短，估计整个地球上的含量不到 30 g。1940 年，美国科学家用回旋加速器人工制得元素砹。At 的命名 Astatine 源自希腊文，意为"不稳定的"。

半导体元素

半导体

能导电的物体称为导体，不能导电的物体称为绝缘体。导电性能不高不低，电导率介于绝缘体和导体之间的物体就是半导体。在元素周期表中，金属元素和非金属元素交界线附近的元素（参见图 3-5）多数具有半导体性质，目前被广泛应用的是硅和锗。

半导体具有热敏性、光敏性和掺杂性 3 种性质，即半导体受热、受光照或掺入杂质时，其导电能力会显著增强。例如，在常温下，纯度很高的硅几乎是绝缘体，但是加热后就可以变成半导体。此外，往硅里添加少量的磷、砷或硼等元素，其导电性会大大增强。例如，往 10 万个硅原子中掺入 1 个杂质原子，就能使硅的电导率增加 1000 倍左右。不含杂质的半导体称为本征半导体，本征半导体掺杂后叫掺杂半导体。

由单一元素组成的半导体叫"元素半导体"，如硅或锗。此外，还有由 2 个以上元素组成的"化合物半导体"，如砷化镓、硫化镉、氮化镓等。

半导体材料是制作晶体管、集成电路、电子元器件的重要基础材料，支撑着通信、计算机、家电、网络技术等电子信息产业的发展，已经成为现代人生活中不可缺少的一部分。

从砂石到芯片 —— 硅

硅在地壳中的含量仅次于氧，居第二位，随处可见的砂石、沙子的主要成分就是二氧化硅（SiO_2）。结晶态硅呈灰黑色，有金属光泽。高纯的单晶硅是目前可获得的纯度最高的材料，实验室纯度可达 12 个"9"（99.9999999999%）的本征级，工业化大规模生产也能达 7 ~ 11 个"9"的高纯度。

我们都知道电脑的核心是中央处理器（central processing unit，CPU），而 CPU 的核心则是芯片！小小的芯片是现代信息器件的核心，是集成电路的载体，它上面集成了数以亿计的微小电路元件。从电子工业的发展来看，尽管有各种新型的半导体材料不断出现，但目前 90%以上的集成电路都是制作在高纯优质的硅片上的。

杂质含量少于 1% 的优质砂石是制备纯硅的原材料。从砂石开始到制成高纯硅片有以下几个主要步骤：第一步，将砂石（SiO_2）和碳类还原剂（如焦炭）置于高温炉中，SiO_2 被碳还原生成冶金级纯度（98% ~ 99%）的多晶硅；第二步，通过多步提纯得到电子级多晶硅棒（平均每 100 万个硅原子中最多只有 1 个杂质原子）；第三步，在高温下将多晶硅熔融并拉制生长单晶硅棒；第四步，将单晶硅棒切割成一片一片薄薄的硅单晶圆片（简称晶圆）。晶圆就是用来制造芯片的基体。制造集成电路用的硅片表面必须是高度平整光洁的，任何微小的损伤和缺陷都能影响器件的质量和性能。因此，最后还要进行研磨、抛光和清洗。经过抛光后的晶圆变得几乎完美无瑕，表面甚至可以当镜子，然后就可以在其上加工芯片了（见图 4-7）。当然，后续还需要氧化、光刻、掺杂、镀膜、退火等几十道工序才能加工出芯片来，小小的芯片是十足的高科技产品。

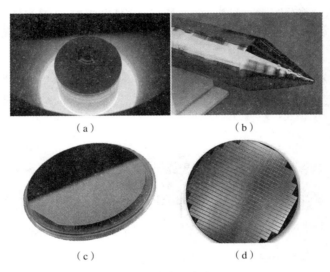

（a） （b）

（c） （d）

图4-7 芯片制造过程

（a）拉制单晶硅；（b）单晶硅棒；（c）晶圆；（d）晶圆上加工的芯片

要想在晶圆上做出宽度只有头发丝 1‰ 的电路图案，并在适当的区域进行掺杂以制备半导体器件，光刻是最关键的环节。光刻技术离不开一种至关重要的化学物质——光刻胶。光刻胶是一种在紫外光照射下，溶解度会发生变化的薄膜材料，其配方很复杂，通常由增感剂、溶剂、感光树脂及多种添加剂构成。光刻胶有负胶和正胶两类。负胶在没有被紫外光照射前，可以溶解于某种溶剂，但受到照射后，就会发生固化，变为不溶。正胶则刚好相反，当它没有被紫外光照射前，不溶于某种溶剂，但受到照射后，就会发生分解，变为可溶。正是因为有了神奇的光刻胶，才使得集成电路的精细加工技术成为可能。

锗和镓 —— 门捷列夫预言的金属

锗（Ge）是银灰色金属，但是有明显的非金属性质，和硅一样，它也是重要的半导体元素。1885 年，德国化学家克雷门斯·亚历山大·温克勒（Clemens Alexander Wrinkler）得到一种新矿石，经过化学分析，从中提取出了一种新元素。他根据德国的拉丁名称命名此元素为 Germanium（锗）。1886 年，温克勒发现锗就是门捷列夫预言的"类硅"。

镓（Ga）是略带淡蓝色的银白色金属，熔点很低，29.78℃就会变为液态，呈银白色。1874 年，法国化学家布瓦博德朗（Boisbaudran）搜集到比利牛斯山的闪锌矿，通过光谱分析发现两条从未见过的紫色谱线，进一步研究后确定其为一种新元素，他用法国的古名"高卢"命名此元素为 Gallium（镓）。1875 年，他用电解法制得约 1 g 金属镓，测定其密度为 4.7 g/cm^3。1876 年，布瓦博德朗收到门捷列夫的一封信，信中说镓就是他预言的"类铝"，并指出镓的密度应为 5.9 ~ 6.0 g/cm^3。布瓦博德朗感到不可思议，但还是重新提纯了镓，并再次测定其密度，竟然真的是 5.9 g/cm^3。周期表的神奇让他大为惊叹，从此，他成为门捷列夫的忠实拥趸。

砷化镓半导体

砷化镓（GaAs）是一种"化合物半导体"，其综合性能优于 Si，因此也被誉为第二代半导体材料。从晶体结构上来看，硅和砷化镓中原子的排列方位是一样的，不过硅中只有 Si 这一种原子，而砷化镓中有 Ga

和 As 两种原子，如图 4-8 所示。

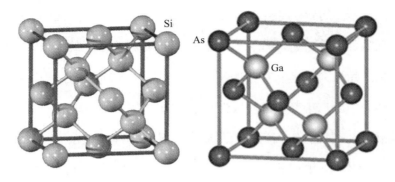

图 4-8　硅和砷化镓的晶胞结构

GaAs 的电导率比硅大 5 ~ 6 倍，开关速度仅为 10^{-12} s，而 Si 为 10^{-9} s，因此，砷化镓器件具有硅器件所不具备的高速和高频性能，用 GaAs 芯片制造计算机将使运算速度提高上千倍。此外，砷化镓器件还可在同一块芯片上同时处理光信号和电信号，是超级计算机、光电器件和卫星直接广播接收器的理想材料。但是，目前砷化镓单晶片的价格大约相当于同尺寸硅单晶片的 20 倍，因此被人们戏称为"半导体贵族"。

稀土元素

工业味精 —— 稀土

稀土元素是元素周期表第 3 列中钪、钇以及镧系元素的总称，加起来共 17 种元素，通常分为 2 组：轻稀土（镧、铈、镨、钕、钷、钐、铕）和重稀土（钆、铽、镝、钬、铒、铥、镱、镥、钪、钇）。稀土元素的单质都是金属，所以又称稀土金属。它们的性质相近，在矿床中往往是多种元素共生在一起。

稀土元素具有优异的光、电、磁等特性，能与其他材料组成性能各异、品种繁多的新型材料，如永磁、发光、激光、储氢、超导、磁光记录、磁致伸缩等材料，有"工业味精""新材料之母"的美誉，在许多高科技产品和尖端武器制造中不可或缺，是一类作用巨大的战略元素。

地壳中含量排前 3 位的稀土元素是铈、钕和镧。铈是铁灰色金属，有延展性，硬度与锡相近。钕是银白色金属，有顺磁性，在空气中被氧化呈青灰色。镧是银白色金属，有延展性，质软，在空气中加热能燃烧。

全世界已探明的稀土资源（稀土氧化物）工业储量共 1 亿 t 左右，其中中国约占 36%，而且中国的中、重稀土资源约占全球的 80%，是世界稀土大国。多年来中国稀土产量一直占世界总产量的 90% 以上，在世界上处于无可替代的地位。中国的稀土矿主要有两种形式：一种是化合物稀土矿，如包头稀土矿；另一种是中国特有的离子吸附型稀土矿，如江西等南方 7 省的稀土矿。

稀土发光材料

稀土元素具有独特的电、光、磁、热性能，在稀土功能材料中，稀土发光材料十分引人注目。

1974 年，荷兰菲利浦公司首先研制成功稀土三基色荧光材料，开启了节能照明的新时代。他们利用稀土离子在吸收外界能量后的不同发光特性，先后合成了稀土铝酸盐绿粉（含有稀土元素铈和铽）和稀土铝酸盐蓝粉（含有稀土元素铕），再加上已发现的 Y_2O_3：Eu 红粉（含有稀土元素钇和铕），将这 3 种荧光粉按一定比例混合，可制成不同色温的各种荧光灯。稀土三基色荧光灯能耗低、光色好，从此宣告了新一代照明光源的诞生。

在稀土发光材料中，还有一种蓄光型自发光材料。当前应用的稀土蓄光型发光材料，主要是将稀土元素铕和镝等作为发光中心，掺杂到铝酸盐、硅酸盐等基质材料中发光。这种材料被日光、灯光等杂散光照射 10～20 min 后，就可实现自发光功能，能在暗处持续发光 12 h 以上，其发光强度和持续时间是其他自发光材料的 30～50 倍。2001 年，美国纽约世贸中心遭到恐怖袭击，由于安全通道使用了中国研发的新型稀土无电照明光源，得以指引上万人在大厦倒塌前迅速撤离。这种无电照明光源中使用的就是稀土蓄光型自发光材料。

磁铁之王 —— 稀土永磁材料

除了光特性之外，稀土元素的磁特性也很突出。我们都知道磁铁具有磁性，人们在自然界中发现的磁铁的主要成分是 Fe_3O_4。磁性物体周围有磁场，如果你把铁片放在磁场中，它就会被磁化而具有磁性，但这种磁性保持一会儿就消退了。而有一种材料，在外部磁场中被磁化以后，磁性不会消退，这就是永磁材料。

永磁材料指一经磁化即能永久保持磁性的材料，在现代工业中应用广泛。以一辆汽车为例，整车有 30 多个部件需要使用电机，所需永磁材料超过 1.5 kg。永磁材料还是支撑现代电子信息产业的重要基础材料。

早年发明的铁氧体材料（如 Co-Fe-O、Ba-Fe-O 和 Sr-Fe-O 等）是最早使用的永磁材料，而加入稀土成分的永磁材料，磁性能要比铁氧体材料高出 4~10 倍。

1968 年，第一代稀土永磁材料——钐钴永磁体诞生，它是由稀土金属钐（Sm）和金属钴（Co）组成的合金，化学式是 $SmCo_5$。$SmCo_5$ 具有很强的磁性，一块火柴盒大小的 $SmCo_5$ 就可以吸起重达几十公斤的钢铁。1977 年，又出现了性能更好的第二代稀土永磁材料 Sm_2Co_{17}。

1983 年，第三代稀土永磁材料——钕铁硼永磁体（$Nd_2Fe_{14}B$）问世，引起科学界的轰动，被列入当年世界 10 项重大科技成果。钕铁硼永磁材料（见图 4-9）是目前世界上磁性最强的永磁材料，磁性是 $SmCo_5$ 的近 3 倍，号称"永磁之王"。在能源产业、信息通信产业、汽车工业、电机工程、生物医疗工程等领域得到了广泛的应用。

图 4-9　钕铁硼永磁体

化学的发展与分支 5

　　18 世纪末到 19 世纪末这 100 余年里，从拉瓦锡的化学革命到道尔顿的原子学说，再到门捷列夫的元素周期律，伴随着化学理论的不断扩展和新物质的不断涌现，化学家们的研究方向越来越细致，化学也随之产生了一系列分支学科。

　　雨后春笋般的元素大发现和元素周期律的建立，使得无机化学走向了系统化。有机化合物的不断增加，特别是有机物的人工合成，使有机化学理论不断充实和完善，终于形成了研究有机物的专门分支——有机化学。随着化学实验越来越精细，一系列化学分析检测理论逐渐建立起来，于是分析化学也成为化学的一个分支学科。因为化学过程总是和物理过程相互联系着，所以通过物理原理来研究化学体系和性质也发展出了一个分支学科——物理化学。

有机化学的出现

神秘的有机物

从人类开始使用物质以来，就发现自然界的物质可以分成两种，一种是水、空气、矿石、金属等没有生命的物质，另一种是植物、动物等有生命的物质。慢慢地，早期的化学家就把动物、植物的组成物质以及从中提取的物质称为"有机物"，其他物质则称为"无机物"。早些时候，人们从生物体中提取出的有机物质有酒、醋、油、糖、染料等。

1768 年到 1783 年间，瑞典人舍勒探索出一套提取有机物的方法，如从苹果中提取苹果酸、从酸牛奶中提取乳酸、从肾结石中分离尿酸、从类脂物质中分离胆固醇等。舍勒一共研究过 21 种水果和浆汁的化学成分，也研究过蛋清、蛋黄及多种动物血的化学成分。

同一时期，法国化学家拉瓦锡做了大量的有机物燃烧实验。他发现，有机物完全燃烧后的产物主要是二氧化碳和水，这就意味着其中含有碳、氢、氧等元素。经过仔细分析，他认识到，有机物都含有碳元素，大多都含氢、氧、氮元素，有些还含硫、磷等元素。

尽管当时已经分离和提纯了不少有机化合物，也了解了它们的组成元素，但人们对有机物到底是如何形成的尚不得其解。于是在 18 世纪末到 19 世纪初，出现了一种关于有机物的神秘理论——活力论。活力论者认为，动植物体内具有一种神秘的能量——生命力，只有通过这种生命力才能产生有机物。他们宣称，在实验室里人们只能合成无机物，而不能合成有机物。因为在他们看来，生命力是有机物与无机物之间一道不可逾越的鸿沟。

首次人工合成有机物

给予活力论以致命一击的是德国化学家弗里德里希·维勒（Friedrich Wöhler），他在实验室里合成出了尿素，从此宣告活力论的破灭。

1773年，法国化学家古奥姆·鲁埃勒（Guillaume Rouelle）从人的尿液里分离出一种白色结晶物，这是人类首次发现尿素。后来，英国化学家 W. 普劳特（W. Prout）分析了其各元素含量，1799年，这种有机物被正式命名为尿素。

尿素是一种白色晶体（见图5-1），又称碳酰二胺，是由碳、氧、氮、氢组成的有机化合物，分子式为 $CO(NH_2)_2$。尿素是人体内氨基酸代谢的主要终产物，它在肝脏内合成，绝大部分通过肾脏排泄，其余则由肠道和皮肤排出。正常成人每日排出尿素约 30 g。

图5-1 白色的尿素晶体

1824年，维勒试图用氯化铵与氰酸银合成氰酸铵，但是令他奇怪的是，当他把反应溶液蒸发干以后，得到的白色晶体却不是氰酸铵。在经过近 4 年的研究后，维勒终于确认这种白色晶体就是尿素。自己通过无机物合成了尿素！维勒激动不已，他撰写并发表了论文《论尿素的人工合成》，向外界宣布了自己的发现。这一成果一经宣布就引起了化学界的轰动，这是人类第一次用无机物合成有机物，具有划时代的意义。

维勒制得尿素的化学反应包含两步，第一步是氯化铵与氰酸银反应生成氰酸铵：

$$NH_4Cl + AgOCN \longrightarrow NH_4OCN + AgCl$$

氯化铵　　氰酸银　　　　氰酸铵　　氯化银

第二步是氰酸铵在受热后分子重排，生成尿素：

$$NH_4OCN \xrightarrow{\text{加热}} CO(NH_2)_2$$

氰酸铵　　　　　　尿素

继维勒之后，德国化学家阿道夫·柯尔伯（Adolph Kolbe）在 1844 年用木炭、硫黄、氯气及水等无机物合成了有机酸——醋酸。此后化学家们又陆续用无机原料合成了酒精、葡萄糖、苹果酸、柠檬酸、酒石酸等有机物，特别是在生命过程中有重要作用的油脂类、糖类也陆续被合成。这样，活力论就彻底破灭了，有机化学也作为化学的一个重要分支建立起来了。

有机化学的研究对象

在许多工具书里面，常常把有机化合物简单地定义为"碳的化合物"，但是这个定义把碳酸盐、氰化物等含碳的无机物也包括进来了。更合适的定义应该是：有机化合物是含有碳碳相连、碳氢相连以及碳与其他元素相连结构的化合物，有机化学就是研究有机化合物的科学。

有机化学的研究领域相当广泛，我们在日常生活中会用到成千上万种有机物，如塑料、橡胶、染料、药品、饮料、织物、燃料等。这些有机物只是已发现的几千万种有机物中极小的一部分，而且世界上每年还要合成出几十万种新的有机物。

碳氢化合物是有机物的基础，所有有机物都可以看成是碳氢化合物的衍生物。碳氢化合物是由碳原子和氢原子组成的化合物，这类化合物通称为烃。烃又分为两大类，含有苯环的芳香烃和不含苯环的脂肪烃。脂肪烃又分为烷烃、烯烃和炔烃 3 类，它们的特征是烷烃只含有碳碳单键，烯烃和炔烃分别含有碳碳双键和碳碳三键。图 5-2 给出了这几类烃的示例，甲烷属于烷烃，乙烯属于烯烃，乙炔属于炔烃，苯属于芳香烃。

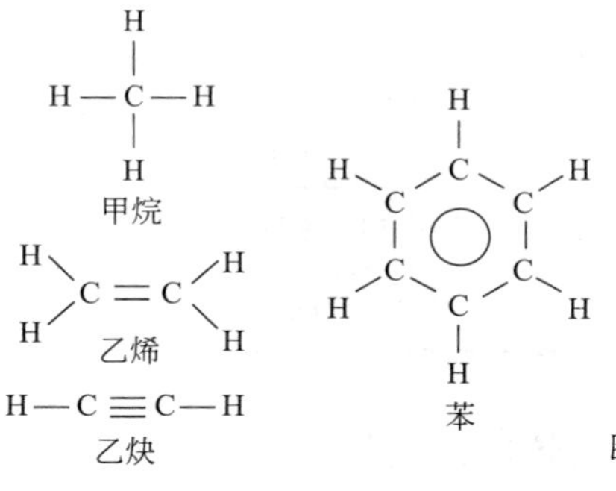

图 5-2　甲烷、乙烯、乙炔、苯的分子结构式

有机物的特性与两个因素有关。一个因素是碳原子的个数。简单有机分子可能包含几个、十几个碳原子，而复杂的有机分子可以包含成千上万乃至更多的碳原子。另一个因素是官能团的种类。官能团是连接在

碳氢骨架上的特征基团，是由几个原子形成的一个原子团整体，它就像有机分子的一个器官，有固定的功能。官能团作为一个整体进入、离开有机分子，赋予有机分子特有的物理化学属性。表 5-1 列出了常见官能团的名称和化学式。数以千万计的有机物，其结构是有基本规律的：碳氢链可看作有机物的结构骨架，是有机物的母体部分；母体中的氢原子被官能团取代或碳原子被其他原子取代，就会形成醇、酚、醚、醛、酮、羧酸和胺等种类繁多的衍生物。

表 5-1　不同类别有机物常见官能团的结构和名称

类别	官能团结构及名称		示例	
醇	—OH	羟基	CH_3CH_2—OH	乙醇
醛	$-C{\scriptsize\begin{matrix}O\\H\end{matrix}}$	醛基	$H_3C-C{\scriptsize\begin{matrix}O\\H\end{matrix}}$	乙醛
酮	$-\overset{O}{\underset{}{\overset{\|\|}{C}}}-$	酮基	$H_3C-\overset{O}{\overset{\|\|}{C}}-CH_3$	丙酮
羧酸	$-C{\scriptsize\begin{matrix}O\\OH\end{matrix}}$	羧基	$H_3C-C{\scriptsize\begin{matrix}O\\OH\end{matrix}}$	乙酸
醚	—O—	醚键	H_3C—O—CH_3	甲醚
胺	$-NH_2$	氨基	H_3C-NH_2	甲胺

人工合成牛胰岛素 —— 破解生命之谜的第一步

建立了经典的有机结构理论以后，从 19 世纪末开始，有机化学家的研究对象逐渐从简单的酒石酸、柠檬酸、尿素之类扩展到较为复杂的多糖类（淀粉）、维生素、胡萝卜素，乃至生命活动所必需的蛋白质、核酸等生物大分子。化学家不仅能分离、分析并测定它们的组成和结构，反过来，还能由最简单的小分子逐步合成它们。

胰岛素是一种蛋白质分子，它是唯一使科学家两次获得诺贝尔奖的物质。加拿大的佛瑞德里克·格兰特·班廷（Frederick Grant Banting）和英国的约翰·麦克劳德（John Macleod）因为发现了胰岛素的存在，获得了 1923 年诺贝尔生理学或医学奖。英国化学家弗雷德里克·桑格（Frederick Sanger）阐明了胰岛素的化学结构，从而荣获 1958 年的诺贝尔化学奖。

从 1958 年开始，中国科学院上海生物化学研究所、上海有机化学研究所和北京大学生物系 3 个单位联合，组成了一个大的研究团队，开始探索人工合成胰岛素。经过艰苦的努力，研究团队终于在 1965 年用化学方法合成了具有生物活性的蛋白质结晶牛胰岛素（见图 5-3），这是世界上第一个人工合成的蛋白质。蛋白质一直被喻为破解生命之谜的关键点，这一成果标志着人类在探索生命奥秘的征途上迈出了重要的一步，引起了世界性的轰动。

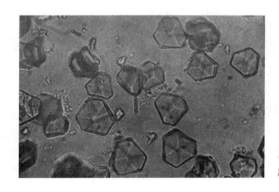

图5-3　显微镜下的人工合成牛胰岛素结晶体

1979 年，著名的物理学家杨振宁向诺贝尔奖评选委员会推荐了这一研究成果，获得了评委会的认可。随后，应评委会邀请，中国推荐了研究集体中的代表钮经义作为候选人参与了该年度诺贝尔化学奖的角逐。遗憾的是，钮经义未能获选，当年化学奖的得主为美国人赫伯特·查尔斯·布朗（Herbert Charles Brown）和德国人格奥尔格·维蒂希（Georg Wittig），他们因在有机合成中引入硼和磷而获奖。

无机化学工业的发展

近代酸碱工业

近代以前没有无机化学这一概念。随着有机物的大量发现与合成，有机化学最终成为化学的一个独立分支，与之相对，研究无机物的化学也就自然成为另一个分支——无机化学。伴随着 18 世纪的欧洲工业革命，近代无机化学工业逐渐繁荣起来，大规模的制酸、制碱、漂白、火药、无机盐等化学工业的出现，为工业革命提供了大量原材料。

三酸(硫酸、盐酸、硝酸)和两碱(纯碱、烧碱)是最基本的化工原料，也直接或间接地作为其他工业原料，如表 5-2 所示。三酸都是液体，而两碱则是固体，氢氧化钠（烧碱）是无色半透明或白色固体（见图 5-4），碳酸钠（纯碱）是白色粉末或小晶体（见图 5-5）。硫酸和纯碱作为三酸和两碱的代表，它们的产量在很长一段时期内都被作为一个国家化学工业发展的标志。

表 5-2 三酸和两碱的化学式及基本用途

名称		化学式	基本用途
三酸	硫酸	H_2SO_4	化肥、农药、医药、染料、合成纤维、炸药、无机盐等
	盐酸	HCl	医药、染料、电镀、冶金、食品加工等
	硝酸	HNO_3	化肥、炸药、冶金、染料、医药、塑料等
两碱	纯碱（碳酸钠）	Na_2CO_3	玻璃、造纸、肥皂、洗涤剂、纺织、制革、冶金等
	烧碱（氢氧化钠）	NaOH	冶金、炼油、造纸、制药、人造纤维等

图 5-4 片状氢氧化钠晶体

图 5-5 白色碳酸钠粉末

硫酸腐蚀性很强，所以早期的硫酸是在玻璃瓶里生产的，这就限制了其产量。后来，有人发现铅能耐受稀硫酸的腐蚀，这样，用体积庞大的铅制容器取代玻璃瓶，就能大大提高产量。1746 年，英国伯明翰建立了世界上第一座用铅室法生产硫酸的工厂，这是第一个近代化工厂。其生产流程是将硫黄和硝石的混合物置于铁容器内加热，生成的气体导入一个用铅板做墙壁的"铅室"内，用水吸收而得到硫酸。

纯碱俗称苏打。1791 年，法国化学家尼古拉斯·路布兰（Nicolas

Leblanc）提出一种制取纯碱的方法，先用食盐和硫酸生成硫酸钠，再把硫酸钠和木炭、石灰石共同放入回转炉中用1000℃的高温加热，得到一种含有碳酸钠的黑色熔融物，冷却后再从中提取碳酸钠（纯碱）。1823年，路布兰法在英国得到推广，比较系统的制碱工业开始形成。尽管该法曾盛行一时，但其高能耗、低产量、低纯度、高污染的缺点迫使人们寻找更完美的纯碱生产方法。1861年，比利时实业化学家欧内斯特·索尔维（Ernest Solvay）摸索出用氨气、二氧化碳和食盐制造纯碱的氨碱法并获得了专利。1863年，索尔维实现了氨碱法的工业化生产，他也由此获得了巨额财富。享誉世界的物理学盛会"索尔维会议"，就是由索尔维发起并资助的。正是在几次索尔维会议上，爱因斯坦（Einstein）和玻尔（Bohr）在量子力学方面的交锋，给物理界留下了一段津津乐道的话题。

1943年，我国永利制碱公司的总工程师侯德榜对索尔维法进行了工艺改进并获得成功。新方法对废液进行了二次利用，使食盐利用率大大提高，缩短了生产工艺流程，减少了环境污染，并且能同时得到纯碱和氯化铵两种产品，把制碱工业推向一个新的高峰。这种方法也被命名为"侯氏制碱法"，赢得了广泛赞誉。

早期酸碱工业所采用的气体洗涤、固体煅烧、结晶、过滤、干燥等化工单元操作的设计原理沿用至今，奠定了整个化学工业的基础。

氯碱工业 —— 烧碱制造

在现代化学工业中，电解食盐水生产氯气和氢氧化钠的工业叫作氯碱工业（见图 5-6）。其总反应为：

$$2NaCl + 2H_2O \longrightarrow 2NaOH + H_2\uparrow + Cl_2\uparrow$$

氯化钠　　　水　　　　　氢氧化钠　氢气　氯气
（食盐）

图 5-6　氯碱工厂俯瞰

氯碱工业是最基本的化学工业之一，它的产品氢氧化钠和氯气在国民经济中有着重要地位。NaOH 广泛用于制皂、造纸、印染、纺织、医药、石油炼制、有机合成工业等。Cl_2 主要用来制取液氯、漂白粉、聚氯乙烯、盐酸等。

18 世纪，瑞典化学家舍勒用二氧化锰和盐酸共热制取出氯气。将氯气通入石灰乳中，可制得固体产物漂白粉，这对纺织工业、造纸业的漂白工艺是一个重大贡献，对氯气的需求大增。用舍勒的方法制氯持续了上百年，但它有很大的缺点，盐酸只有部分转变为氯，很不经济，且腐蚀严重、生产困难。

1851 年，英国人 C. 瓦特（C. Watt）申请了电解食盐水制取氯气的专利，但直到 19 世纪末大功率直流发电机研制成功才使该法得以工业化。世界上第一个氯碱厂于 1890 年在德国建成。中国的第一家氯碱厂是 1929 年在上海建立的天原电化厂。

氯碱工业的原料是食盐，要净化后制成饱和食盐水进行电解，一般使用的是在阳极和阴极之间设置了隔膜的隔膜电解槽（见图 5-7）。目前，比较先进的方法是用离子交换膜作为隔膜，离子交换膜允许 Na^+ 通过，但 Cl^- 和 OH^- 却不能通过。因此，用这种方法生产的 NaOH 纯度很高，浓度也较大。

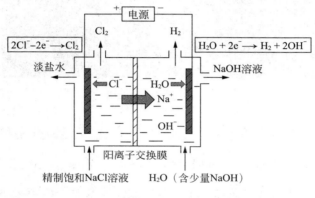

图 5-7　氯碱工业电解槽示意图

化肥工业与合成氨工业的出现

人类很早就知道，农作物需要肥料。1840 年，德国化学家李比希出版了《化学在农业及生理学上的应用》（*Chemical Application in Argiculture and Physiology*）一书，指出农作物生长所需的营养物质是从土壤里获取的，他明确了氮、磷和钾等元素对农作物生长的意义，提出化学肥料的概念。化肥主要分为氮肥、磷肥、钾肥三大类。含有氮、磷、钾中的两种或三种元素的化肥叫复合化肥（见图 5-8）。

图5-8 复合化肥

骨肥可以算是人类最早使用的磷肥。1766 年，化学家确定了骨骼的主要成分是磷酸钙。1840 年，李比希使用硫酸处理骨粉，制成了易溶于水的磷肥——过磷酸钙。1842 年，英国建立起第一个用骨粉和硫酸生产过磷酸钙的工厂，这是化肥工业的开端。19 世纪末，各种高浓度磷肥，如富过磷酸钙、重过磷酸钙、磷酸二钙等，也相继研制成功。

历来钾肥都是以草木灰的形式施用的，草木灰就是植物燃烧后的灰烬，富含碳酸钾。1890 年前后，德国开始建设从光卤石（含有氯化钾和氯化镁的矿石）中提取氯化钾的工厂。第一次世界大战以前，德国是钾肥的主要生产国。"一战"以后，各国根据本国的资源情况又建设了从钾石盐矿（含 KCl 和 NaCl）中提取氯化钾以及从盐湖和海水中提取氯化钾的工厂。

氮肥是最重要的肥料。因为氮是植物合成氨基酸的原料，没有氮肥，农作物就不会有好的收成。虽然空气中含有大量的氮气，但并不能被植物吸收，植物只能依靠根部从土壤中吸收含氮化合物。但是，氮气性质很不活泼，很难发生反应，如何将大气中的氮转变成化合物，成为化学家们面临的难题。

18 世纪末，科学家已经认识到，最佳的固氮途径是由氮气和氢气来合成氨气（$N_2+3H_2 \longrightarrow 2NH_3$）。但是这一合成却 100 多年都没有突破。1904 年，德国化学家弗里茨·哈伯（Fritz Haber）开始研究这一课题。经过 5 年的努力，他终于发现一种合适的催化剂——锇。哈伯用锇催化剂将氮气与氢气在 200 个大气压和 550℃下直接合成，在反应器出口的混合气体中得到 6% 的氨气。这一成就成为氨气合成从实验室走向工业化的一个转折点。

然而，从实验室到工业化生产，仍然要付出艰苦的努力。哈伯将他的专利转让给了德国当时最大的化工企业——巴登苯胺及纯碱制造公司，公司组织了以化工专家卡尔·博施（Carl Bosch）为首的上千人的团队进行产业化攻关。通过试验，他们发现锇虽然是很好的催化剂，但难以加工、易氧化变质，尤其是锇的价格昂贵，成本太高。为了寻找高效、稳定、低成本的催化剂，博施和他的助手 A. 米塔希（A. Mittash）带领研究人员在两年间进行了 6500 多次试验，测试了 2500 种不同的配方，最后终于找到一种含有钾、铝氧化物作助催化剂的铁催化剂。这种催化剂用经过精选的天然磁铁矿添加助催化剂，通过熔融法制成几毫米大小的颗粒使用。

1913 年，在博施的带领下，一个日产 30 t 的合成氨工厂终于建成并投产，获得了年产 36 000 t 硫酸铵化肥的成果。

氨的合成不但为硫酸铵、尿素等氮肥提供了原料来源，它在化学史上还具有重要的意义。首先，催化技术的应用，对现代化工生产具有重大意义，催生了催化化学这一研究领域。其次，合成氨的高压循环流程及高压设备的使用，开创了化工高压技术，现代化工高压技术都是在此基础上发展起来的。因此，1918 年的诺贝尔化学奖颁给了哈伯，1931年的诺贝尔化学奖颁给了博施。

水泥工业的出现

水泥是建筑用水硬性胶凝材料，它是一种粉末状材料，当它与水混合后，经物理、化学作用，能从可塑性浆体逐渐凝结硬化成坚硬的石状体。

水泥是从石灰演变而来的。石灰是一种古老的建筑材料，是把石灰石（主要成分是碳酸钙 $CaCO_3$）经 800～1000℃高温煅烧而成，主要成分是氧化钙（CaO）。世界各地都有使用石灰砌筑建筑物的历史。

1756 年，英国工程师约翰·斯密顿（John Smeaton）发现含有黏土的石灰石烧制的石灰性能最好，他称之为"水硬石灰"。1796 年，英国人帕克（Parker）把一种黏土质石灰岩磨细后制成料球，在高温下煅烧，然后磨细制成棕色粉末，他称之为"罗马水泥"。"罗马水泥"凝结较快，可用于与水接触的工程，在英国曾得到广泛应用。

1824 年，英国的泥水匠阿斯普丁（Aspdin）发明了现代水泥。他用石灰石和黏土为原料，按一定比例配合后，在类似于烧石灰的立窑内煅烧成熟料，再经磨细制成水泥。这种水泥硬化后与英国波特兰岛产的石材颜色相似，因此被称为"波特兰水泥"。后来，英国人 I. C. 强生（I. C. Johnson）通过仔细研究，确定了原料比例、煅烧温度、煅烧时间等工艺参数，现代水泥生产的参数被基本确定。从此，水泥开始了大规模的生产。

波特兰水泥熟料主要由硅酸盐组成，包括硅酸三钙（$3CaO \cdot SiO_2$）、硅酸二钙（$2CaO \cdot SiO_2$）、铝酸三钙（$3CaO \cdot Al_2O_3$）、铁铝酸四钙（$4CaO \cdot Al_2O_3 \cdot Fe_2O_3$）等主要成分，所以也被称为硅酸盐水泥。

用一定比例的水泥、砂、石料和水，经拌和、浇筑、硬化后形成的人工石材叫混凝土。混凝土抗压能力强，但受拉易断裂，所以常嵌入钢筋来承受拉力，这就是钢筋混凝土。钢筋和混凝土之间有良好的黏结力，能牢固地结成整体，是现代建筑的主要结构材料。

现代建筑师们还发明了一种内部混有光纤或树脂的透光水泥，这种水泥和普通水泥一样坚固，并且具有一定的透光功能——上海世博会的意大利馆就向人们展示了这种神奇的水泥。

分析化学的发展

分析化学

分析化学是获得物质化学组成和结构信息的科学，是化学的一个重要分支，可以说，分析化学就是化学家的眼睛。

分析化学可分为化学分析和仪器分析两大类。化学分析是以化学反应为基础的分析方法，所用仪器简单、易于普及，适用于常量组分的分析（见图 5-9）。仪器分析是借助精密仪器，通过测试物质的物理、化学性质对试样进行分析的方法。仪器分析灵敏快捷，但设备通常价格昂贵，主要用于低含量组分分析以及物质的结构、形态分析。

图5-9 化学分析常用的玻璃器皿

除化学学科本身外，分析化学在相当广泛的学科门类研究中都起着显著的作用。据统计，在已颁布的诺贝尔物理学奖、化学奖中，有 1/4 的项目和分析化学有关。1990 年以后，DNA（脱氧核糖核酸）测序技术取得很大进展，并于 2000 年完成"人类基因组工作草图"的绘制，这在很大程度上得益于分析化学中阵列毛细管电泳技术的突破。分析化学在环境监测、食品检测、材料科学、药物分析、生命科学等领域都有广泛的应用。

化学分析方法的发展

化学作为一门学科出现以后，人们逐渐总结了一些零散的定性和定量分析方法。所谓定性分析，就是只分析物质里含有哪些组分，而不需要测定其含量。而定量分析，就要精确测定组分含量了。

1779 年，瑞典化学家托贝恩·贝格曼（Torbern Bergman）系统地总结了一些定性分析方法，如以黄血盐检定铜离子和锰离子、以石灰水检验碳酸盐、以氯化钡检验硫酸和芒硝等。1780 年，贝格曼出版了《矿物的湿法分析》（*Wet analysis of minerals*）一书，提供了矿石成分的一些定量分析方法，主要是重量分析法，即利用沉淀反应将水溶液中的某些金属离子沉淀出来，再将沉淀过滤、洗涤、烘干或灼烧，最后称重，计算该离子含量。

1829 年，德国化学家罗斯（Rose）首次提出分析溶液中所含金属阳离子的系统定性分析程序，也就是先用一般试剂将未知溶液分离为几个组分（主要是沉淀），然后用更特殊的反应进一步分离和鉴别各种未知成分。罗斯提出，首先依次用盐酸、硫化氢、硫化铵、碳酸铵和磷酸钠将溶液分成若干组，然后再在每一组中用适当的试剂鉴定某种离子是否存在。例如，在含有多种阳离子的溶液中加入盐酸，就会生成氯化银（AgCl）、氯化亚汞（Hg_2Cl_2）、氯化铅（$PbCl_2$）沉淀，从而将 Ag^+、Hg_2^{2+}、Pb^{2+} 从溶液中分离出来；然后在剩余溶液中通入硫化氢（H_2S）气体，又能使 Bi^{3+}、Cu^{2+}、Cd^{2+} 等离子形成沉淀分离出来；依次进行下去，就能分出几个组，然后在每一组内进一步分离和鉴别。1841 年，德国化学家伏累森纽斯（Fresenius）改进了这个程序，使这一方法得到了广泛应用。直到现代，除了更多地使用了选择性、灵敏性更高的有机试剂外，系统定性分析再没有本质的改变。

从 18 世纪末开始，化学家们还发展了各种定量分析方法，主要是化学滴定方法。所谓滴定就是将能与被测离子反应的标准溶液（浓度固定）一滴一滴地滴到被测溶液中，在被测离子完全反应完的瞬间（滴定终点），溶液会有一个化学性质的突变，通过指示剂（如颜色变化）可以确定这个滴定终点。因为标准溶液是一滴一滴地进去的，所以体积很精确，这就可以精确地计算反应量，从而计算被测离子浓度。图 5-10 给出了一个酸碱滴定过程中溶液化学性质的突变示例。

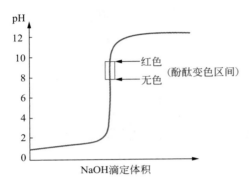

图 5-10 用 NaOH 滴定 HCl 的滴定曲线（用 NaOH 标准溶液滴定 HCl 时，在滴定终点 pH 值会发生突跃，用酚酞作指示剂，这时候只要再滴入一滴 NaOH 溶液，HCl 溶液的颜色就会从无色变成红色）

到 19 世纪中叶，学界已经发展出了酸碱滴定法、氧化还原滴定法、沉淀滴定法、络合滴定法等多种化学滴定方法，且各种形式已基本达到现在实验室的水平。

仪器分析方法的发展

1859 年，德国化学家本生和基尔霍夫创建的光谱分析法可以说是仪器分析的开端。在此基础上科学家们开发出了原子发射光谱法、原子吸收光谱法，通过检测元素的指纹——原子光谱来识别物质中所含元素。

像原子一样，分子也会吸收或发射特定波长的光，这就会形成分子光谱。分子光谱比原子光谱复杂得多，其复杂性源于它内部复杂的运动状态，包括电子的跃迁、原子间的振动和分子整体的转动等。通过对分子吸收光谱、发射光谱和散射光谱的研究，科学家们开发出了紫外可见吸收光谱法、红外吸收光谱法、分子发光光谱法和激光拉曼光谱法等仪器分析方法，这些方法是鉴定分子结构的重要手段。

1946 年，科学家们发现了核磁共振现象，进而开发出核磁共振法。它是通过研究处于强磁场中的原子核对电磁辐射的吸收情况，来获取化合物结构信息的一种技术手段，本质上还是属于光谱分析方法。

除了光谱分析技术，仪器分析领域还开发出了色谱分析技术、电化学分析技术、质谱分析技术、放射化学分析技术等各种分析手段，应用领域都非常广泛。可以说仪器分析已经从分析化学发展到了分析科学的高度。

色谱法

如何将混合在一起的物质分离开来，或者说如何分析混合物中所包含的各种物质，是化学的重要研究内容。蒸馏是近代分离技术的起源。之后，相继出现了沉淀、萃取、气体扩散、离心分离等分离技术。而色谱法的出现，是分离技术发展中的重要里程碑。

1861 年，德国物理学家舒贝因（Schonbein）发现一个有趣的现象：他把几种不同颜色的有机染料混在一起，全部溶解在水中，再把一张滤纸悬挂起来，并让滤纸下端浸入上述溶液里。很显然，由于毛细作用和浸润作用，液体会沿着滤纸"上爬"。舒贝因发现，不同颜色的物质"上爬"的速度并不相同，有机染料在"上爬"过程中，可以清楚地分离成层，各层的颜色不同，而不同的颜色则表示着不同的物质。遗憾的是，他并没有意识到这一现象背后的重大意义。

1903 年，俄国植物学家茨维特（Tswett）首先认识到这种分层现象的重大意义。当时，他正在研究如何将植物叶子中的各种色素分离出来，而舒贝因发现的色层现象给了他极大的启发。经过研究，茨维特发明了一种具有吸附作用的"柱子"——装有碳酸钙粉末的玻璃管。他把植物叶子捣碎，用有机溶剂石油醚浸泡，叶子中的色素就被溶解在石油醚里，然后，他把浸泡液倒入吸附柱中，色素就被吸附在碳酸钙上。接着，他用石油醚不断从上到下冲洗，被吸附的色素就会重新溶解在石油醚中并逐渐向下移动。在这个不断地吸附—溶解—再吸附—再溶解的过程中，由于各种色素在碳酸钙上吸附能力大小不同而导致向下移动的速度不同，于是逐渐在不同高度上形成了不同颜色的色带，从上到下依次是绿色、黄色、黄色（见图 5-11）。随着不断地淋洗，各种色素先后从柱子里流出，这样 3 种色素就被纯化分离开来。茨维特经过分析测定，发现这 3 种色素分别是绿色的叶绿素、黄色的叶黄素和黄色的胡萝卜素。

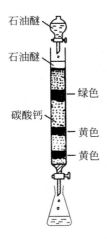

图 5-11 茨维特用色谱柱分离色素示意图

实验的成功使茨维特大为兴奋，他意识到这是一种新的分离方法，由于分层物质像色谱带，便称之为色谱法。

色谱法诞生以后，起初化学家只是把它作为一种物质分离手段而加以研究，到了 20 世纪 50 年代，人们开始把这种分离手段与检测系统连接起来，从而构成了一种独特的物质分析方法——色谱法。

色谱法是现代仪器分析法的一个重要组成部分，它可以高效、快速、灵敏、准确地测定物质的成分与含量，已在石油化工、制药工业、生物化工、环境监测等领域获得了广泛的应用。

物理化学的建立与发展

物理化学的出现

早在 18 世纪，俄国化学家罗蒙诺索夫（Lomonosov）就提出过物理化学的概念，他认为物理化学就是要根据物理学原理和实验来解释化学变化。

从 19 世纪 70 年代开始，越来越多的化学家、物理学家从不同的角度认识到用物理学理论和方法来研究化学反应的必要性，聚集了以约西亚·威拉德·吉布斯（Josiah Willard Gibbs）（美国）、威廉·奥斯特瓦尔德（Wilhelm Ostwald）（俄国）、雅各布斯·范特霍夫（Jacobus van't Hoff）（荷兰）和阿伦尼乌斯（瑞典）为代表的一批研究者。奥斯特瓦尔德认为化学提供了研究的对象，而物理学则提供了研究的方法，因此要大力发展物理化学。范特霍夫坚信化学的大部分都可以归因到物理学中，应该以动力学、热力学等原理为基础去研究化学反应的机理。

1887 年，奥斯特瓦尔德和范特霍夫主编的《物理化学杂志》(*Journal of Physical Chemistry*) 创刊，这一事件标志着物理化学的成熟与独立，从此，物理化学正式成为化学的一个学科分支。

物理化学的研究内容

现代物理化学理论主要包含两大内容：化学热力学和化学动力学。

化学热力学是以"静"的观点来研究化学反应，研究的是化学反应的方向和限度问题。化学动力学是以"动"的观点来研究化学反应，研究的是化学反应进行的速度和机理问题。简单来说，化学热力学只能预测发生反应的可能性，但无法预测反应进行的速度。实际经验表明：一个从化学热力学上判断为可能性很大的反应，反应速率却不一定大。这就说明，要使反应的可能性变成现实性，就必须考虑化学动力学。

在热力学和动力学理论的基础上，物理化学还进一步发展出了更为细化的应用研究方向，如热化学、电化学、磁化学、光化学、核化学、辐射化学、奇异原子化学、等离子体化学等。

此外，建立在量子力学基础上的结构化学以及量子化学也属于物理化学的范畴，但它们通常被作为单独的分支来研究。

化学振荡反应与非平衡态热力学

热力学研究的是不同形式的能量及其转化过程中所遵循的规律，其基础是热力学第一和第二定律。热力学第一定律就是能量的转化与守恒定律。热力学第二定律可以表述成熵增加原理，其中"熵"是化学家们用来度量体系混乱程度的一个参量。根据热力学第二定律，一个不受外界影响的系统会不断地趋于混乱，最终达到混乱程度最大的平衡状态。因此，人们一直以为化学反应不可能出现有序的变化。

1951 年，苏联化学家贝鲁索夫（Belousov）发现，用柠檬酸、溴酸钾、硫酸和一种铈离子催化剂配成的溶液，颜色会在无色和淡黄色之间变来变去，而且变化像时钟一样规律。贝鲁索夫将实验写成论文投稿，不幸的是，编辑认为它违反了热力学第二定律，根本不可能发生，因此拒绝发表。直到 1958 年，这篇论文终于发表在一个不起眼的医学会议论文集里。20 世纪 60 年代，苏联另一位化学家扎孛廷斯基（Zhabotinskii）对贝鲁索夫的反应作了一些修改，使颜色可以更鲜明地在蓝色和红色之间变化。这种振荡反应后来发展出很多变例，现在统称为"B-Z 振荡反应"。如图 5-12 所示给出了一个 B-Z 振荡反应示例，培养皿里不断地涌现出祥云状动态波纹，像波浪一样层层推进，非常神奇。

图 5-12　B-Z 振荡反应中涌现出的祥云状动态波纹

这一现象到底有没有违反热力学第二定律呢？比利时化学家伊利亚·普利高津（Ilya Prigogine）指出：B-Z 体系是一个敞开体系，能与外界进行物质和能量的交换，并非不受外界影响的系统，因此并不违背热力学第二定律。普利高津据此创立了耗散结构理论。传统热力学研究的是化学平衡态，而耗散结构理论研究的是远离平衡态的非平衡态热力学。普利高津指出，一个远离平衡态的开放系统，在外界条件变化达到某一特定阈值时，就会量变引起质变，系统通过不断与外界交换能量与物质，就能从原来的无序状态转变为一种时间、空间或功能的有序状态。他把这种远离平衡态的、稳定的、有序的结构称为"耗散结构"。从某种意义说，耗散结构是一种"活的"有序化结构，其稳定性是通过与外界交换物质和能量实现的，如果不满足这一要求，这种结构就不会出现。

实际上，自然界中存在的大量化学过程都是非平衡态的，普利高津提出的"非平衡是有序之源"的见解带有普遍性，对化学、物理学、生物学等领域都具有重要影响。例如，宇宙如何能从一团混沌演化出星系？自然界如何能演化出高度有序的生命体——人类？耗散结构理论为这些复杂现象提供了合理的热力学解释。1977 年，普利高津荣获了诺贝尔化学奖。

化学动力学的发展

化学动力学发展至今已有百余年的历史，它经历了从宏观动力学到微观动力学两个阶段。

1889 年，瑞典化学家阿伦尼乌斯提出了反应活化能理论，指出要想使反应物分子达到可以发生反应的活化状态，就必须要越过一个能垒，他称之为活化能。活化能代表着普通分子转化为活化分子所需要吸收的能量。活化能小，反应速率就快；活化能大，反应速率就慢。

1918 年，英国化学家吉尔伯特·路易斯（Gilbert Lewis）提出，只有分子发生碰撞才可能发生化学反应，而且不是所有碰撞都有效，碰撞必须足够猛烈，还要有合适的取向，这样的碰撞才是有效的。事实上，计算表明，有效的碰撞在所有碰撞中占的比例极低。有了碰撞理论，就能解释为什么增加反应物浓度、升高温度、增大气体反应物压强可以提高化学反应的速率。因为在这些情况下，分子间的碰撞概率增大，反应速率也自然会加快。

1935 年，美国化学家亨利·艾林（Henry Eyring）等提出了双分子反应的过渡态理论。该理论认为，两个分子发生反应碰撞时，必须经过一个中间临界构型——过渡态，一旦获得此构型，反应即发生（见图 5-13）。过渡态具有比反应物分子和产物分子都要高的势能，互撞的分子必须越过反应势能垒，才能达到过渡态的构型，否则分子的碰撞无效，反应不能发生。势能垒的存在就是活化能的本质。

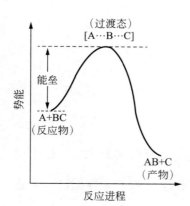

图 5-13　过渡态理论反应进程示意图

早期的活化能、过渡态等理论研究的都是大量分子的统计平均效应，是大量分子多次碰撞的结果，属于宏观动力学的范畴。1960 年以后，随着分子束和激光技术的发展，从微观角度研究分子碰撞成为可能，于是化学动力学研究进入微观阶段。

1962 年，美国化学家达德利·赫施巴赫（Dudley Herschbach）和他的学生李远哲开创了交叉分子束方法，在高真空条件下，使两束分子以不同的角度相互碰撞，以研究单次碰撞过程。他们用这种方法得到的反应过程细节，远远地走在理论计算前面。1986 年，二人被授予诺贝尔化学奖。

1980 年前后，埃及、美国双重国籍化学家艾哈迈德·泽维尔（Ahmed Zewail）开始利用飞秒激光研究化学反应过程，从而开创了飞秒化学。1 fs 是 10^{-15} s，在化学动力学的领域内，飞秒化学真正实现了对反应真实过程的观测，泽维尔也因此荣获了 1999 年的诺贝尔化学奖。

飞秒化学 —— 实时观察化学反应

在化学反应中，过渡态极为短暂，只在飞秒（10^{-15} s）～ 皮秒（10^{-12} s）的尺度上发生，在飞秒化学出现之前，科学界一直无法对这一变化进行观测。

飞秒激光是一种超短脉冲激光，持续时间非常短，最短可以短到几个飞秒。在实验中，泽维尔把 1 束脉宽为若干飞秒的激光分成 2 束，一束用于激发反应，另一束用于捕捉反应开始后不同时刻的吸收光谱等信息，从而探测反应中间体（见图 5-14）。通过这一方法，实现了对化学反应的"实时"检测。打个形象的比方，它扮演了一个"飞秒级摄影"的角色。

图 5-14　飞秒激光测试示意图

　　泽维尔进行了许多经典的飞秒化学实验。在氰化碘（ICN）的光解离反应中（ICN $\longrightarrow$ I+CN），他测得了该反应的过渡态 [I···CN] 的寿命约为 200 fs，这是人类第一次直接从实验上观察到过渡态的变化过程。在碘化钠（NaI）的光解反应中（NaI $\longrightarrow$ Na+I），他第一次观察到反应的过渡态 [Na···I] 在势能面上震荡和解离的全过程。氢原子与二氧化碳的反应（H+CO_2 $\longrightarrow$ CO+OH）是燃烧过程中重要的自由基反应之一，泽维尔发现此反应的过渡态中间物是 [HOCO]，此过渡态中间物的寿命长达 1000 fs。

　　泽维尔还研究了一系列从简单到复杂的化学和生物体系中各种类型的反应，他将实验观察与理论计算相结合，大大推进了人类对化学反应微观过程的认识。

化学平衡与勒夏特列原理

　　化学反应进行到最后，是不是所有反应物都会变成产物呢？研究表明，这是不可能的。因为反应开始以后，产物越来越多，产物分子也开始碰撞，这样产物就有概率重新变回为反应物，发生逆反应。随着反应的进行，反应物越来越少，正反应速率越来越小；而产物越来越多，逆反应速率越来越大；最后就会达到一个平衡状态，正、逆反应速率相等，这时候，有多少反应物分子变成产物，同时就有多少产物分子变化为反应物。从宏观来看，反应好像已经停止了，但从微观上看，反应处于动态平衡，正、逆两个方向都在进行反应，只是二者相互抵消了。

　　图 5-15 给出了反应过程中正、逆反应速率的变化示意。从图中可以看出，反应结束时，反应物和产物处于交换状态。显然，反应进行的完全程度，取决于正、逆反应的相对难易程度。如果正反应很容易进行、逆反应很难进行，那么，产物浓度需要非常大，才能和剩余的很少量的反应物产生相同的交换速率，反应就会进行得很彻底；反之，如果逆反应也很容易进行，那么，产物达到一定浓度就能和还剩余较多的反应物产生相同的交换速率，反应就进行得不彻底。

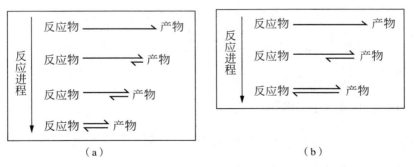

图 5-15　反应过程中正、逆反应速率的变化示意图（通过箭头的长短来表示反应速率的大小）

（a）逆反应难进行；（b）逆反应易进行

如果一个反应达到了平衡状态，这时候改变反应条件，平衡就会发生移动，直到建立新的平衡。法国化学家亨利·勒夏特列（Henri LeChatelier）发现，平衡被打破以后，反应总是趋向于重新恢复平衡。例如，通过外部加热让体系温度升高，体系就会通过吸热反应把热量吸收掉以恢复平衡[①]；再比如说把产物分离出去，那么反应物就会继续反应重新生成产物以恢复平衡。1888 年，勒夏特列将他的发现总结为：每一种影响平衡因素的变化都会使平衡向减弱这种影响的方向移动。后人称之为勒夏特列原理，也叫平衡移动原理。

原子结构的深入认识

电子云 —— 无迹可寻的电子

最初，人们以为电子围绕原子核进行轨道运动，就像行星围绕太阳运行一样。图 3-3 就是这种模型的示意图，适于初学者直观地观察原子的特点，但这一图像却并不符合事实。

现代原子结构模型来源于量子力学。通过求解薛定谔方程，科学家揭开了原子中电子运动的奥秘。核外电子的能级是量子化的，电子没有任何明确、连续、可跟踪、可预测的轨迹可循。现代化学中所谓的原子轨道，指的是原子中电子运动的波函数（见图 5-16），每一个轨道表示的是电子的一种运动状态。根据波函数，人们可以算出电子在原子核外的概率密度分布规律，称为电子云。

---

① 如果一个反应是吸热反应，它的逆反应就是放热反应；反之，如果一个反应是放热反应，它的逆反应就是吸热反应。

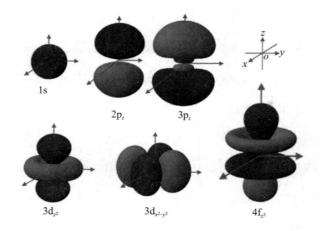

图 5-16 部分原子轨道波函数轮廓图

图 5-17 给出了几种不同能级的电子云图。图 5-17 中亮度的大小表示电子在这些地方出现的概率密度的大小，越亮的地方概率密度越大，越暗的地方概率密度越小。电子可能出现在图中亮度不为零的任意一点（亮度为零的位置叫节面，电子在节面上不出现），而且它在不断地变换位置，一会出现在这儿，一会出现在那儿，你完全没法预测它下一刻出现在哪一点，只能通过概率来判断它在哪儿出现的机会多一些。

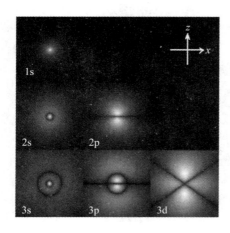

图 5-17 不同能级的电子云图（图中亮度越大表示概率密度越大，完整图像为空间图形，可绕 z 轴旋转一周得到）

需要注意的是，概率密度和概率是不同的。所谓概率密度，指的是电子在空间某一点附近单位体积内出现的概率。那么你要算电子在某一点出现的概率，就需要用概率密度乘以这一点的体积；要算电子在距原子核某一距离的球壳上出现的概率，就要用概率密度乘以球壳体积。显然，离核越远的球壳体积越大，所以概率密度最大的地方概率不一定最大。例如，氢原子的 1s 轨道，电子云密度最大的地方在原子核上，但这一位置的球壳体积为零，所以电子在原子核上出现的概率为零。经计算，概率最大的地方出现在离核 52.9 pm 的球壳上，这一距离称为玻尔半径。

电子的自旋

人们发现，处于同一轨道上的电子在通过一个不均匀磁场时，会分裂为上、下两束（见图 5-18），因轨道运动无法解释此现象，于是，引入了电子具有自旋运动的概念。因为电子存在自旋向上和自旋向下两种状态，所以会在磁场中分裂为上、下两束。需要注意的是，绝不能把自旋运动想象成电子自身的旋转，自旋与质量、电荷一样，是粒子的内禀性质。

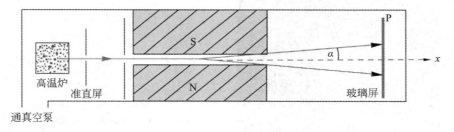

图 5-18　电子自旋验证示意图

根据泡利不相容原理，在一个原子轨道中，最多只能容纳 2 个自旋相反的电子。如果用 ↑ 和 ↓ 表示自旋向上和自旋向下两种状态，则这两个电子（记为电子 1 和电子 2）的状态可用下式表示：

$$[\uparrow_1\downarrow_2 - \downarrow_1\uparrow_2]$$

上式表明，这两个电子处于一种奇妙的量子状态中：每个电子都处于自旋向上和自旋向下的叠加态，而这两个电子又构成一对纠缠态，即一个电子自旋向上时，另一个电子必然自旋向下。[①]

如图 5-18 所示，处于叠加态的电子通过不均匀磁场后，明确分成自旋向上和自旋向下的两束，这是因为测量会使波函数坍缩，导致电子状态由叠加态变成确定态。

化学键理论的发展

离子化合物与共价化合物

在形成化合物时，不同的元素对电子的吸引能力是不同的，如果两原子吸引电子的能力相差很大，那么一个原子就会从另一个原子那里把电子夺过来，得到电子的原子带了负电荷（变成负离子），失去电子的原子带了正电荷（变成正离子），正负电荷相互吸引，就把这两离子结合在一起，形成化合物，这种化合物称为离子化合物。例如，NaCl，Na 的 1 个电子会被 Cl 夺去，变成 Na^+ 和 Cl^-；再比如 $MgCl_2$，2 个 Cl 各夺去 Mg 的 1 个电子，这样 Mg 变成 Mg^{2+}，2 个 Cl 都变成 Cl^-。

[①] 叠加态和纠缠态都是不可思议的量子现象，感兴趣的读者不妨一读拙著《从量子到宇宙》或《给青少年讲量子科学》。

还有一种情况，就是两种元素对电子的吸引能力相差没那么大，一个原子没法把另一个原子的电子完全夺去，这样，形成化合物时，两原子的电子都有被对方吸引的趋势，于是这些电子在两原子核之间出现的概率增大，因为电子同时受两核吸引，于是这两原子就被结合在一起，形成化合物，这种化合物叫共价化合物。例如，H_2O 和 CO_2 就是共价化合物。

化学键

一堆原子在空间中有序排列，就形成了物质，那么，这些原子为什么能按特定的方式排列在一起呢？化学家们提出了化学键的概念。狭义来说，化学键指分子或晶体中相邻原子（或离子）之间的强烈吸引作用力。广义来说，化学键就是将物质中的原子结合成物质的作用力，包括一些弱的次级键。

物质通常呈气、液、固 3 种聚集状态。固体又可分为晶体和非晶体 2 种。晶体是由内部结构微粒（原子、分子、离子等）在空间中按一定规律周期性重复排列构成的固体。在自然界中，绝大多数固体物质都是晶体，如雪花、金属、矿石等。根据晶格结点上粒子种类及粒子间结合力的不同，晶体又可分为离子晶体（如食盐，即 $NaCl$）、原子晶体（如金刚石，由 C 原子组成）、分子晶体（如冰）和金属晶体（如铁）等基本类型，如图 5-19 所示。

化学键的主要类型有共价键（如金刚石中 C 原子间作用力、水分子内部 H 原子与 O 原子之间的作用力）、离子键（如 $NaCl$ 中 Na^+ 与 Cl^-

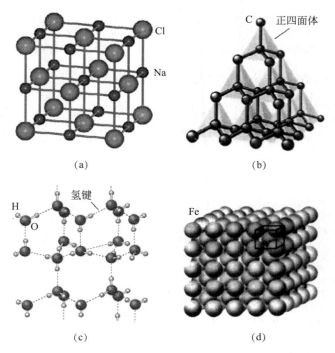

图 5-19　几种物质的晶体结构（冰和铁有不止一种晶体结构，图中为常见结构）
（a）NaCl晶体；（b）金刚石晶体；（c）冰晶体；（d）铁晶体

间作用力）、金属键（如金属铁中 Fe 原子间作用力）。除此之外，分子之间还常存在一些弱的化学键（如氢键），称为次级键，可以把分子连接起来。例如，氢键就能把 H_2O 分子有序连接起来形成冰。次级键的强度比强的化学键小 1~2 个数量级，因此，次级键比较容易断开。

共价键理论之一 —— 价键理论

1926 年，通过求解 H 原子的薛定谔方程，人们对原子结构有了深入的认识，原子中电子的运动和分布规律可通过电子的波函数描述出来，这就是原子轨道。

　　很快，人们就意识到，既然分子是由原子构成的，那么在原子轨道的基础上求解分子的薛定谔方程，不就可以知道原子是如何构成分子的了吗？1927 年，德国化学家海特勒（Heitler）和伦敦（London）利用原子轨道作为基础，求解了 H_2 分子的薛定谔方程，阐明了 H_2 分子的电子结构。20 世纪 30 年代，美国化学家莱纳斯·卡尔·鲍林（Linus Carl Pauling）等在此基础上加以发展，创立了共价键的价键理论。

　　价键理论将共价键视为电子配对形成的定域键（形成化学键的电子处于 2 个原子之间），即 2 个原子之间的未成对电子可以配成 1 对，形成 1 个化学键，如果配成 2 对或 3 对电子对，就形成双键和三键（见图 5-20）。通过共用电子对，2 个原子的电子结构都达到稳定状态，因此，价键理论也称为电子配对理论。其后续发展有杂化轨道理论、价

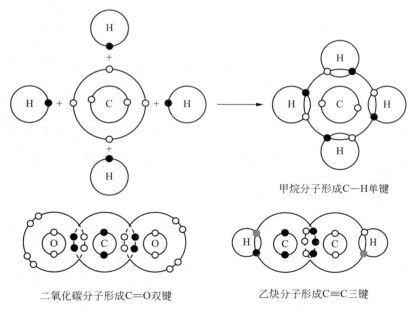

甲烷分子形成C—H单键

二氧化碳分子形成C＝O双键　　　　乙炔分子形成C≡C三键

图 5-20　电子配对形成共价单键、双键和三键示意图

电子对互斥理论等。我们常见的共价化合物的化学键结构式通常就是用价键理论来表示的，如图 5-21 所示。

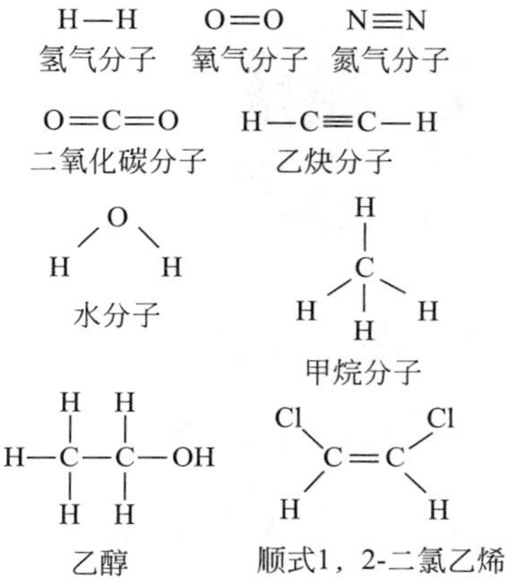

H—H　　O＝O　　N≡N
氢气分子　氧气分子　氮气分子

O＝C＝O　　H—C≡C—H
二氧化碳分子　　乙炔分子

水分子

甲烷分子

乙醇　　顺式1，2-二氯乙烯

图 5-21　用价键理论表示的共价化合物的结构式

共价键理论之二 —— 分子轨道理论

价键理论直观明确，易与分子几何构型联系，容易为初学者所掌握。但实际上，它并没有准确描述分子中电子的运动状态，后来出现的分子轨道理论则弥补了这一缺点，成为现代共价键理论研究中被广泛采用的主流理论。

1928 年，德国化学家弗里德里希·洪特（Friedrich Hund）和美国化学家慕利肯（Mulliken）以原子轨道为基础，求解了最简单的分子——氢分子离子（H_2^+）的薛定谔方程，从而创立了共价键的分子轨道理论。分子轨道理论认为原子轨道相互叠加形成分子轨道（见图 5-22），电子进入成键轨道后在两核之间出现的概率密度增大，可使体系能量降低，有利于体系稳定，从而把原子键合到一起。

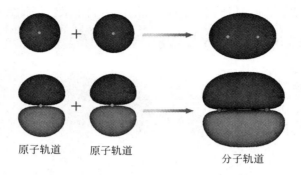

原子轨道　　　原子轨道　　　　　　　分子轨道

图 5-22　原子轨道叠加组合成分子轨道

　　分子轨道理论将共价键视为离域键（形成化学键的电子处于多个原子之间），它主张成键电子的运动遍及整个分子而不仅局限于两原子之间。这一理论解决了许多价键理论不能解决的问题。例如，分子的光谱学性质，用价键理论就很难解释，而用分子轨道理论则解释得很好。

　　计算表明，价键理论中的定域键，相当于是分子轨道理论中离域键的线性组合，是分子中所有电子在相邻两原子间运动的平均行为。因此，分子轨道理论常用来讨论与分子中单个电子运动有关的性质，如光谱性质、电离能等；而价键理论常用来讨论与整个分子中所有电子有关的性质，如几何构型、键能等。

离子键理论

　　1916 年，德国化学家 W. 科塞尔（W. Kossel）首次提出离子键的概念。离子键理论认为，易失电子的金属原子，将部分电子转移给易得电子的非金属原子，形成正离子和负离子，正负离子之间通过静电相互作用结合成离子型化合物，所形成的化学键称为离子键，如 NaCl、

ZnS、CaF_2、NaOH、$CaCO_3$ 等。

离子键理论指出，因为离子电荷分布可近似认为是球形对称的，因此，可在空间各个方向尽可能多地等同地吸引带异性电荷的离子，这就决定了离子键无方向性、无饱和性。例如，NaCl 晶体中（见图 5-19），1 个 Na^+ 周围能吸引 6 个 Cl^-，同时 1 个 Cl^- 周围也能吸引 6 个 Na^+，因此，NaCl 晶体中这两种元素原子之间的比例为 1∶1，因此化学式写作 NaCl。

离子键发生的是电子转移，而共价键则是共享电子，因此共价键具有饱和性和方向性。例如，CH_4（甲烷）分子中，C 原子只能提供 4 个共享电子，所以最多只能连接 4 个 H（饱和性）。为了达到能量最低，4 个 H 围绕 C 形成正四面体结构（方向性）。这一点是共价键与离子键的主要区别。

金属键理论

在金属晶体中，金属原子之间通过金属键结合在一起。金属键也没有饱和性与方向性。目前关于金属键的理论主要有两种：一种为自由电子理论（静电相互作用）；另一种为能带理论（高度离域的共价键作用）。

自由电子理论认为，金属原子的最外层价电子容易脱离原子核的束缚，在金属整体中比较自由地运动，形成"自由电子"。这些自由电子与金属正离子的吸引作用使金属原子键合在一起，形成金属晶体。由于自由电子能较"自由"地在整个晶体内运动，从而使金属具有良好的导电性和导热性。

能带理论是在分子轨道理论的基础上建立起来的，它的基本思想是，将整块金属看作一个巨大的分子，这个巨大分子中的 N 个原子轨道（N 的数量级在 10^{23}）组合成 N 个分子轨道，从而把原子键合到一起。因为这些分子轨道能级间隔极小，所以会形成能带。能带理论能解释导体、半导体以及绝缘体的导电特性。

化学键本质的探讨

物理学研究表明，世界上只存在 4 种基本作用力——万有引力、电磁力、强力、弱力。从这一角度来看，化学键应该归功于电磁力的作用，因为强力和弱力只存在于原子核范围内，而万有引力则比电磁力弱 30 多个数量级，所以原子与原子之间只能靠电磁力作用结合在一起。但是，人们现在还没能将所有化学键用一个统一的电磁理论来解释，因此，化学家们只好把化学键分成不同的类型，如共价键、离子键、金属键、次级键等分别来解释，每一种化学键都有各自的理论。

而且，在现有理论框架下，各种化学键的作用并不是截然分开的。可以说，共价键、离子键和金属键是 3 种极限键型，很多物质常包含多种类型的化学键。例如，在硅酸盐材料的基本结构单元硅氧四面体 $[SiO_4]^{4-}$ 中，Si—O 之间的化学键据估计离子键与共价键各占一半；在氟化铯（CsF）晶体中，铯离子与氟离子之间约有 92% 的离子键性质和 8% 的共价键性质。

笔者认为，现有化学键理论是不完善的，如果将来有一天，所有键型都能用一个统一的化学键理论来解释，那时就能真正揭示出化学键的本质，就会使化学这门学科再次产生革命性的飞跃。

人类第一次"看到"化学键

2013 年，美国加利福尼亚大学的研究人员将一个有机分子 $C_{26}H_{14}$ 置于银板上，加热至发生分子重排，之后进行冷却并冻结反应产物，然后使用非接触式原子力显微镜（Atomic Force Microscope，AFM）观察，清晰地看到发生环化反应以后的 3 种产物（见图 5-23）。这是科学家第一次以原子级的分辨率捕捉到分子反应过程的图像。同时，通过探测电子云密度，人类第一次"看到"化学键。图像中原子之间的化学键看起来与我们画的棒状图几乎一模一样。在 AFM 扫描中，分子中电子云密度越大的地方，扫描得到的信号就越强，人类由此"看到"了化学键。

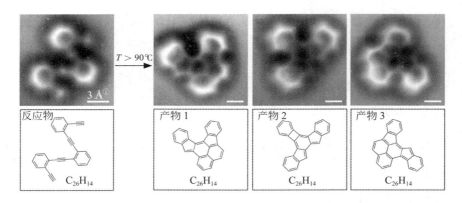

图 5-23 $C_{26}H_{14}$ 及其反应产物的 AFM 图像

---

① Å 是埃米的符号，1 Å=10^{-10}m。

6 改变世界的化工新材料

世界是由物质组成的。随着社会的发展，自然物质已经不能满足人类的使用需求。人类对于新物质的需求极大地推动了科技的创新与发展，化学工业就是其中的典型代表。陶瓷、玻璃、塑料、橡胶、化纤、钢材、燃料、药物、芯片……我们身边到处都有化工产品的身影。化学工业还是高新技术的支撑，各种高性能材料，包括高强度、高耐热、高耐磨、高敏感、超导、超细、超结构、自组装等材料，无一不需要通过化学手段来发明和制造。

目前世界上有几十万种传统材料，而新材料的品种正以每年 5% 的速度增长。材料依其化学特征可分为无机材料与有机材料两大类。有机材料主要指有机高分子材料，如塑料、橡胶、合成纤维等。无机材料又分为金属材料和无机非金属材料，如碳材料、陶瓷、玻璃、水泥等。如果将两种或两种以上的不同材料组合在一起，则称为复合材料。

不简单的碳材料

金刚石与石墨 —— 一硬一软两兄弟

作为木炭和煤炭的主要成分，碳元素在生活中很常见。1787 年，拉瓦锡根据拉丁文中木炭的名称将碳元素命名为 Carbon。

人类最早发现的碳单质有两种——金刚石和石墨。金刚石就是钻石，它是自然界中已知的最硬的物质，也是熔点最高的单质（3550℃）。同样是碳的单质，石墨就非常软，其原因就在于二者的晶体结构不同（见图 6-1）。

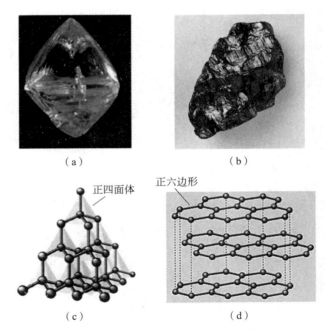

（a）　　　　　　　　　　（b）

正四面体　　　正六边形

（c）　　　　　　　　　　（d）

图 6-1　金刚石与石墨的晶体结构

（a）金刚石；（b）石墨；（c）金刚石的晶体结构；（d）石墨的晶体结构

金刚石中，每一个碳原子周围都包围着另外四个碳原子，形成正四面体结构，正四面体相互连接构成一种三维网络，力学结构十分稳定，因此硬度很高。如果你观察元素周期表，会看到碳元素的正下方是硅元素，晶体硅和金刚石的原子排列结构是一样的，但硅为什么就没有金刚石硬呢？原因在于，除了结构以外，还得看化学键。碳碳键短而强，硅硅键长而弱，Si—Si 键的键长是 C—C 键的 1.5 倍，键能只有 C—C 键的 60%，因此硅没有金刚石硬。

和金刚石相比，石墨的熔点只下降了 50℃，仍然高达 3500℃，但硬度却有天壤之别。在莫氏硬度等级中，石墨排在最低的 1 级，而金刚石则位于最高的 10 级。铅笔芯的主要成分就是石墨，轻轻一划就会留下痕迹。石墨硬度极低，其原因就在于它的层状结构。石墨中每一层碳原子都是由六边形环构成的平面网状结构，化学键也很强，但层与层之间距离很远，仅靠分子间作用力维系在一起，所以层与层之间非常容易滑动、开裂、脱落。石墨的这一特性使它可以作为润滑剂来使用。日常生活中，如果门锁生锈钥匙插不进去，加点铅笔芯粉末就好了，就是利用了石墨的润滑性。

需要注意的是，硬度是指物质抵抗表面划痕的能力，即硬物可以在软物表面上造成划痕，软物则不能在硬物表面造成划痕。金刚石虽然硬度最高，但是却比较脆，如果拿一个大铁锤猛砸，金刚石也是会被砸碎的。

石墨烯 —— 胶带撕出来的诺贝尔奖

非金属一般都不是电子导体，但石墨却是一个例外，它具有良好的导电性。其原因就在于每一层碳平面上，每个碳原子周围只有 3 个碳，形成 3 个比较强的共价键，但实际上碳可以形成 4 个键，还剩下 1 个价电子，于是这些剩余价电子就形成了铺满整个碳平面的大 π 键，相当于可在整个平面内运动的自由电子，于是就能导电了。

鉴于以上原因，石墨在平行于平面层的方向，电导率与一般金属相似，而在垂直于平面层的方向，电阻竟增大了约 5000 倍。既然这样，有人就提出设想，能不能把石墨一层一层剥下来使用呢？

要知道，厚度为 1 毫米的石墨大约包含 300 万层单层片，怎么才能将其剥离呢？多年来，人们想尽办法，也没有得到过厚度少于 50 层的石墨片。2004 年，英国两位科学家安德烈·海姆（Andre Geim）和康斯坦丁·诺沃肖洛夫（Konstantin Novoselov）找到了一种令人意想不到的方法，竟然真的得到了单层石墨片——石墨烯（见图 6-2）。他们用的工具极其简单——透明胶带！用胶带在石墨表面粘一下，就会有成千上万层石墨层片黏附在胶带上，再用另一条胶带把这个胶带粘一下，层数就会变成大约一半，再粘一下，又变成原来的一半厚，这样反复粘十几二十次，最后在胶带上居然真的就只剩下一层石墨——石墨烯就这么制出来了。随后 3 年内，他们在石墨烯体系中发现了量子霍尔效应。2010年，二人因石墨烯方面的开创性工作被授予诺贝尔物理学奖。有趣的是，海姆早在 2000 年就获得过"诺贝尔物理学奖"，不过是山寨版的——搞笑诺贝尔物理学奖，他因发明了"磁悬浮青蛙"而获得了这个奖项。海姆利用青蛙的逆磁性，让青蛙在强磁场里悬浮了起来，虽然看起来特别搞笑，但是却体现了海姆对物理学原理的深刻认识。

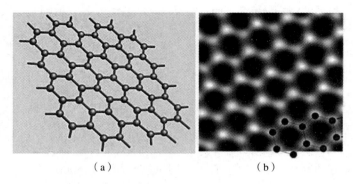

（a）　　　　　　　（b）

图6-2　石墨烯的结构模型及其电子显微镜图像
（a）结构模型；（b）电子显微镜图像

石墨烯只有一层原子厚，可以说是世界上最薄的材料，它的断裂强度是钢的200倍，拉伸幅度能达到自身尺寸的20%，如果它能做成三维材料，将会是世界上最强的材料！但到目前为止，研究人员还很难将这种二维强度转化为三维。石墨烯的导电、导热性能也非常优异，其导热性是目前已知材料中最高的，而导电性能超过了铜，在电池、超级电容器、电子触屏、复合材料等方面有广阔的应用前景。2018年，年仅22岁的青年科学家曹原发现，当两层平行石墨烯以1.1°的特定角度分层叠加时，就会产生神奇的超导效应。

用胶带粘来粘去显然不适合大规模生产，现在，石墨烯已经有了多种制备方法，如氧化还原法、气相沉积法等。此外，研究人员还开发出了新的单层碳材料——石墨炔，同样具有诱人的应用前景。

足球烯与碳纳米管 —— 世界上最小的笼子

1985年，英国和美国的3名科学家用大功率激光束轰击石墨，使其气化，然后使气化的碳原子在真空中迅速冷却，结果发现了一种新的碳单质——C_{60}。结构分析表明，它由 12 个正五边形和 20 个正六边形构成，整个分子形似足球，因此得名足球烯（又名"富勒烯"）。这个"足球"大小仅有 0.71 nm，堪称世界上最小的足球了，而且它是世界上对称性最高的分子。其结构如图 6-3（a）所示。后来，人们发明了石墨电弧放电法、苯火焰燃烧法等新的方法来制备 C_{60}，使其产量从痕量跃升至毫克乃至克量级。C_{60} 自身不具有导电性，但当分子球腔中嵌入碱金属后，其导电性就发生了变化。例如，掺入钾变成 K_3C_{60} 后，竟具有超导性。

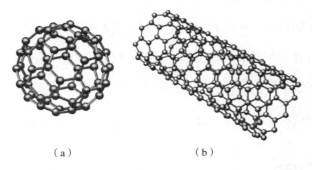

（a） （b）

图 6-3 足球烯和单壁碳纳米管的结构
（a）足球烯；（b）碳纳米管

1991 年，日本电气公司的饭岛澄男利用电弧放电法合成 C_{60}。他在检测合成产物时，偶然发现其中有由碳原子构成的中空管状体，直径为几纳米至数十纳米，长度可达微米级别，这样，碳纳米管被发现了。理想的单壁碳纳米管可以看成由单层石墨片卷曲形成的无缝圆柱体，直径在 0.8～2 nm，其结构如图 6-3（b）所示（有 3 种结构，图为其中一种）。另外，碳纳米管还有多壁碳纳米管，由几层乃至几十层石墨片同轴卷绕而成，直径在 2 ~ 30 nm，就像粗细不同的单壁碳纳米管套在一起一样。

就像石墨烯一样，碳纳米管也具有优异的力学性能和导电、导热性能。此外，碳纳米管还可以作为独特的纳米试管，在其空腔内部填充其他粒子，从而获得新的性能。例如，它可以作为储氢材料，就像储氢合金一样能吸收和放出氢气。

世界上最轻的材料 —— 全碳气凝胶

2013 年，浙江大学的科学家研制出一种密度仅 160 g/m³ 的 "全碳气凝胶" 超轻材料，成功刷新了世界最轻材料的纪录。这种全碳气凝胶是将含有石墨烯和碳纳米管两种材料的水溶液在低温环境下冻干，去除水分、保留骨架制得的，它可以轻松地立在狗尾巴草上（见图 6-4）。此前的世界纪录保持者是德国研制的石墨气凝胶，密度为 180 g/m³。

图6-4 立在狗尾巴草上的全碳气凝胶材料

气凝胶是一种纳米多孔网络结构超轻材料，孔隙率高达 80% ~ 99.8%，典型孔隙尺寸为 1 ~ 100 nm，比表面积可达 500 ~ 1100 m²/g，被誉为 "凝固的烟雾"。最早的气凝胶出现于 1931 年，是由美国科学家合成的 SiO_2 气凝胶，它具有非常好的隔热性能。迄今为止，世界上已经研制出几十种气凝胶，碳气凝胶就是其中一种。

浙江大学研制的全碳气凝胶看上去好像脆弱不堪，似乎一碰就会碎掉，但实际上，它具有超高的弹性，被压缩 80% 后仍可恢复原状，堪称"碳海绵"。全碳气凝胶还是吸油能力最强的材料之一。现有的吸油产品一般只能吸收自身质量 10 倍左右的有机溶剂，而"全碳气凝胶"的吸收量可高达自身质量的 900 倍，最关键的是，它只吸油不吸水，因而在处理海上漏油、净水乃至净化空气等领域具有广阔的应用前景。

玻璃也有高科技

玻璃与非晶体

玻璃是透明的非晶态固体材料，它和传统陶瓷一样，都属于硅酸盐制品。早在 5000 多年前，美索不达米亚和古埃及人就发现了玻璃，3500 年前便创造了玻璃工业，并很快传播到其他中东地区及罗马帝国，普及开来。

内部结构微粒（原子、分子、离子等）在空间按一定规律周期性重复排列构成的固体称为晶体。反过来，内部结构微粒的排列没有周期性结构规律的固体，则称为非晶体，也叫无定形体。非晶体在外观上不具有自然形成的特定形状，可任意加工。

玻璃是最主要的非晶体。从微观结构上来看，非晶体内部有范围极小的规则排列微结构体，但这个范围只有 1.5 nm 左右，在更大范围内，这些微结构体是杂乱无章地排列的，故可称之为近程有序、远程无序。图 6-5 给出了石英晶体、石英玻璃以及钠硅酸盐玻璃的结构，可见晶体与非晶体的区别。

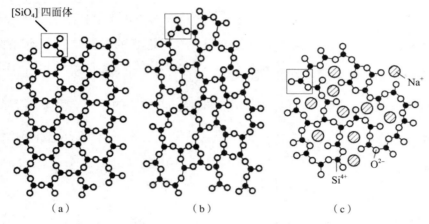

图 6-5　晶体和非晶体的微观结构对比（二维描述）
（a）石英晶体；（b）石英玻璃；（c）钠硅酸盐玻璃

因为玻璃是最典型的非晶态材料，所以在化学与材料研究中，人们将非晶态与玻璃态等同，所有固体非晶态材料都可以被称为玻璃。

材料是晶态还是非晶态与化学组成无关，相同组成的物质由于制备条件的不同既可形成晶体，也可形成非晶体。例如，金属材料大多为晶体，但如果将熔融的金属液体急速冷却时，也能形成非晶态合金。

玻璃的成分及制造方法

目前大多数实用玻璃（如瓶罐玻璃、平板玻璃等）都是钠钙硅酸盐玻璃，各种成分的相对含量分别为：Na_2O 3% ~ 15%、CaO 5% ~ 10%、SiO_2 69% ~ 75%、Al_2O_3 1% ~ 3.5%、MgO 1% ~ 3.5%。

制造玻璃的主要原料有硅砂和砂岩（主要成分 SiO_2）、纯碱和芒硝（即 Na_2CO_3 和 Na_2SO_4）、石灰石和方解石（主要成分 $CaCO_3$）、长石和高岭土（主要成分 SiO_2 和 Al_2O_3），以及白云石［主要成分为 $CaMg(CO_3)_2$］。辅助原料有澄清剂、助熔剂、着色剂、脱色剂、乳浊剂等。澄清剂的作用是促使高温熔融的玻璃液中的气泡排除，着色剂的作用是使玻璃显出特定的颜色。

传统玻璃的制造方法称为熔体冷却法，主要包括配料、熔制、成形、退火等步骤。

（1）配料。按照设计好的比例，将各种原料磨碎成粉末，在混料机内混合均匀。

（2）熔制。将混好的原料在熔窑（坩埚或窑池）内高温加热（温度大多在 1300～1600℃），形成均匀的无气泡的玻璃熔融液。

（3）成形。将熔制好的玻璃液转变成具有固定形状的固体制品的过程叫作成形。热塑成形是一个冷却过程，玻璃首先由黏性液态转变为可塑态，再转变成脆性固态。成形方法有人工吹制法、机械吹制法、挤压成形法、离心旋转法等。

玻璃瓶主要用吹制法来制造。人工吹制就是俗称的吹玻璃，这是一种古老的传统技艺，操作工人用一根长长的空心吹管挑起熔制好的玻璃料，在其软化可塑状态下，在空气中像吹气球一样吹制成形。人工吹制耗时耗力，进入 20 世纪后，机械吹制法问世，玻璃瓶由此实现了低成本的大规模生产（见图 6-6）。

图6-6 机械法吹制玻璃瓶生产线
注：左侧为待吹制的玻璃熔体，右侧
为吹好的玻璃瓶。

（4）退火。退火就是在某一温度范围内保温一段时间以消除玻璃中的应力，避免玻璃炸裂。退火温度一般在 500 ~ 600℃。玻璃制品在成形后立即进行退火的，称为一次退火；制品冷却以后再重新加热进行退火的，称为二次退火。退火结束后缓慢降温即可得到玻璃制品成品。

钠钙硅酸盐玻璃是普通玻璃，热稳定性差，由于热胀冷缩，加热后容易炸裂。后来，人们发现如果在玻璃里加入氧化硼（B_2O_3），其耐热性就能大大提高，这就是硼硅酸盐玻璃。现在，各种玻璃仪器基本都由硼硅酸盐玻璃制成。

玻璃的颜色 —— 啤酒瓶为什么是绿色的？

玻璃通常都是透明的，但是在生活中我们也会见到各种颜色的玻璃，如翠绿色的啤酒瓶。啤酒瓶的颜色是从哪儿来的呢？原来，这是在玻璃中加了着色剂的原因。

向玻璃原料中添加着色剂，使玻璃对可见光中特定波长的光产生吸收，玻璃就会呈现出不同的颜色。

常见的颜色玻璃是金属离子着色玻璃。它是以钒（V）、钛（Ti）、钴（Co）、镍（Ni）、铬（Cr）、锰（Mn）、铜（Cu）等元素的氧化物

（如 MnO_2、CuO 等）作为着色剂，加入玻璃原料中熔制而成。不同离子显示出不同的颜色，Mn^{3+} 和 Ti^{3+} 一般显紫色，Cr^{3+}、Fe^{3+}、V^{3+} 显绿色，Cu^{2+}、Co^{2+}、Fe^{2+} 显蓝色。实际生产中常使用两种或两种以上的着色剂。只要选择合适，用混合着色剂可制得比单一着色剂颜色更鲜艳的玻璃。例如，绿色玻璃就是用 Cr_2O_3 与 Fe_2O_3 和 MnO_2 着色。

Cr^{3+} 与 Fe^{3+} 都显绿色，但 Cr^{3+} 的着色能力比 Fe^{3+} 大 30～50 倍。啤酒瓶看起来翠绿鲜艳，就是因为在玻璃中添加了微量的 Cr_2O_3。绿色啤酒瓶中，Fe_2O_3 质量百分含量为 0.3%～0.5%，Cr_2O_3 的含量为 0.15% 左右。

钢化玻璃和鲁珀特之泪

我们都知道玻璃容易破碎，而有一种新型玻璃，它的抗冲击强度是普通玻璃的 3～5 倍，抗弯强度是普通玻璃的 4～6 倍，这就是钢化玻璃。钢化玻璃不但坚固，而且好像有弹性一样，所以不易破碎。另外，它的耐急冷急热性能也比普通玻璃提高了 2～3 倍。钢化玻璃被广泛应用于建筑物的幕墙、汽车和火车的车窗，以及茶几板、台板等日用品。

钢化玻璃有两种制造方式，一种是物理钢化，另一种是化学钢化。

物理钢化玻璃又叫淬火玻璃。它是将普通平板玻璃在加热炉中加热到接近玻璃的软化温度（约600℃），通过自身的形变消除内部应力，然后将玻璃移出加热炉，在冷却介质（如冷空气、硅油、石蜡等）中急速冷却，即可制得钢化玻璃。物理钢化玻璃即使破碎，整块玻璃应力也会瞬时释放，瞬间"粉身碎骨"，完全破碎成无锐角的细小颗粒，对人体伤害大大降低。

有一种特殊的玻璃制品叫"鲁珀特之泪"，它出现于 17 世纪，可谓是最早的物理钢化玻璃。它是将熔制好的玻璃熔液直接滴入冷水中淬冷产生的玻璃珠，该玻璃珠呈蝌蚪状，就像一滴长了尾巴的泪珠。鲁珀特之泪是一种既坚硬又脆弱的玻璃。说它坚硬，是因为它的头部非常坚硬，甚至能抗住手枪子弹的冲击；说它脆弱，是因为它的尾部非常脆弱，拿钳子轻轻一夹就碎了，而在它的尾部破碎时，由于内部张力无法维持而会导致整个玻璃珠瞬间爆炸性粉碎，非常有趣（见图 6-7）。

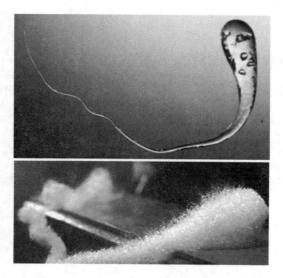

图 6-7　鲁珀特之泪及其从尾部爆炸性粉碎瞬间

化学钢化玻璃是通过改变玻璃的表面的化学组成来提高玻璃的强度。化学钢化通常利用离子交换法，其方法是将含有 Na^+ 的硅酸盐玻璃，浸入熔融状态的 KNO_3 熔融盐中，使玻璃表层的 Na^+ 与熔盐中的 K^+ 发生交换，产生挤塞现象增强玻璃表面（见图 6-8）；也可以浸入熔融锂盐中，使 Na^+ 与 Li^+ 发生交换，产生低膨胀表面层达到增强效果。

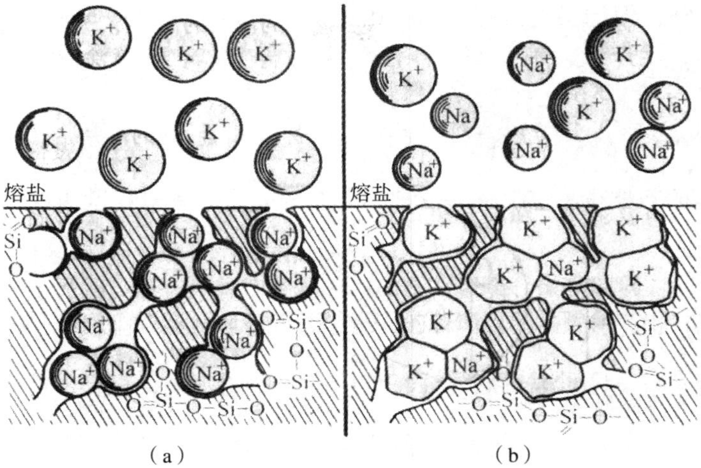

图6-8　化学钢化过程中离子交换示意图
（a）交换前；（b）交换后

化学钢化玻璃比物理钢化玻璃强度更大；物理钢化玻璃不能进行切割再加工，而化学钢化玻璃可以，但是化学钢化玻璃在破碎时不会像物理钢化玻璃那样碎成细小的碎片。

石英玻璃与光纤

石英玻璃是一种 SiO_2 高纯材料，是由各种经过提纯处理的天然石英（如水晶、硅石等）熔化制成。普通光学石英玻璃中 SiO_2 的含量在99.9% 以上，高纯石英玻璃 SiO_2 的含量可达到 99.9999%。石英玻璃具有光学性能极佳、耐高温、化学稳定性好、热膨胀系数小等诸多优点，在光学仪器、电子、半导体、光导通信、激光技术等诸多领域获得了广泛的应用。

自电报电话发明后百余年的时间内，人类通信需求呈爆炸式增长。

经过不断改进，同轴电缆的最高通信容量达到每条线路可通 10 000 条模拟话路，但仍不能满足需求，因此，人们开始研究将传输信号从电信号转向光信号。

1966 年，英籍华人科学家高锟提出石英玻璃丝可传光，有望用于光通信的新概念。1970 年，第一根多模光纤在美国问世，这种光纤用作光通信，容量惊人得大，但因为信号损耗太大而不能实用化。高锟经过研究，指出损耗大是由于光纤不纯及工艺水平不够等原因造成的。在他的指导下，经过改进后的光纤性能有了质的飞跃，人类从此进入光通信时代。高锟也因此被誉为"光纤之父"，于 2009 年获得诺贝尔物理学奖。现在使用激光通信，一条光纤的通信容量已接近 4000 万条话路，而且价格十分低廉。可以毫不夸张地说，光纤是信息社会的重要基石。

光纤是光导纤维的简称。它利用光的全反射原理，可以把光从一端传递到另一端（见图 6-9）。光纤的结构一般为双层或三层同心圆柱体。中心部分为纤芯，纤芯以外的部分为包层（见图 6-10）。纤芯的作用是传导光波，包层的作用是将光波封闭在光纤中传播，因此必须要求包层的折射率小于纤芯的折射率。

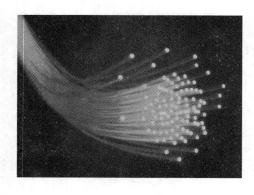

图 6-9　光纤

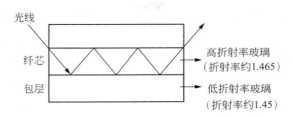

图 6-10　光线在光纤中传播示意图

　　光纤由玻璃材料经加热拉伸并迅速冷却而成。对于光纤玻璃，各种性能要求非常严格，因此，具有高透光性且易获得超高纯度的石英玻璃成为制造光纤的理想材料。通信用的石英光纤，一般可采用气相沉积工艺，在石英棒外壁沉积一层低折射率的掺杂石英，再拉成像头发丝一样细的玻璃纤维。

　　不同波长的光在光纤上传输，其损耗是不一样的。石英光纤对波长在 0.85 μm、1.31 μm 和 1.55 μm 左右的这 3 个波段的光传输损耗最低。因此，一般选择能发出上述 3 个波段的激光光源进行光纤信号传输。

　　随着科技的发展，除石英光纤外，还出现了氟化物玻璃光纤、硫系玻璃光纤、塑料光纤等新型光纤。

可弯曲的超薄玻璃

　　智能手机、平板电脑、平板电视、触控显示屏……这些电子产品已经融入了我们的生活。你可能想不到，这些高科技的电子产品都离不开一个关键材料——玻璃基板。

　　玻璃基板是电子信息显示器件的核心材料，是用来做液晶显示屏和触控屏的基础材料，它采用的是厚度小于 1.1 mm 的超薄玻璃。制作一片液晶显示面板需要用 2 片玻璃基板，在 2 块间距为 10～20 μm 的玻璃基板中间封入液晶材料，通过施加电压使液晶显示。常见的电容式触摸屏则是一种复合屏，需要由多层玻璃基板来制造。

制造液晶显示器件和触控屏时，必须在玻璃基板的表面镀覆透明导电膜，这层膜通常为氧化铟锡膜（Indium-Tin Oxide，ITO）。ITO 膜的主要成分是三氧化二铟（In_2O_3）和二氧化锡（SnO_2），二者的质量比约为 9∶1，ITO 膜的典型厚度为 50～100 nm。镀了 ITO 膜的玻璃基板就变成了导电玻璃。

现在的玻璃基板一般采用无碱硼硅酸盐玻璃，主要成分是 SiO_2、Al_2O_3 和 B_2O_3，还掺有 MgO、CaO、BaO、SrO、ZnO 等多种成分。为了增加强度，一般会采取化学钢化处理。玻璃基板的制造条件十分严格，除不能含钾、钠等碱金属外，还必须具备高精密的表面平整度。

超薄玻璃制造属于世界顶尖的高新技术，随着显示技术发展，对玻璃基板的要求越来越高，玻璃的厚度也越来越薄。目前，中国已能生产出 0.12 mm 厚的超薄玻璃，这种像纸一样薄的玻璃，不仅透光率高、强度高，而且韧性好，被弯曲成环状也不会折断（见图 6-11）。那么，这么薄的玻璃，它是怎么生产出来的呢？不得不说，想出这个方法的人真是很有想象力，它是用漂浮法生产的！就像油能漂在水面上一样，熔化的玻璃液能漂浮在熔融的金属锡表面，形成很薄的一层漂浮层，然后用拉边机将它拉得更薄，冷却硬化后脱离金属锡液，最后进入退火窑进行退火，就得到了超薄玻璃。

图6-11　可弯曲的超薄玻璃

神奇的合金

金属与合金

金属是生活中随处可见的材料，通常把冶炼钢铁的主要原料铁、铬、锰称为黑色金属，其他金属称为有色金属。黑色金属的产量约占世界金属总产量的95%。

合金，顾名思义，就是由多种组分形成的金属材料。一般可将一种金属作为基体，再按需要加入其他几种金属或非金属组分，通过高温熔化或粉末冶金等方法使它们结合在一起，从而形成合金。例如，青铜是铜与锡的合金，钢是铁与碳的合金。

合金可以使金属的某些性能发生很大改变，如纯的金属钨相当柔软，但是一旦混入杂质就变得又脆又硬。碳化钨硬质合金是世界上最硬的金属材料，在碳化钨中添加Co、Ni、Fe等元素，可以增强其韧性，被广泛应用于钻头、模具、刀具等耐磨损和特种加工的行业（见图6-12）。在军事上，钨合金是制造穿甲弹弹芯的主要材料之一。

如果合金中的原子像溶质溶解在溶剂中一样分散均匀，就会形成固溶体，多数合金都属于固溶体。固溶体的晶体结构和基体金属（类比

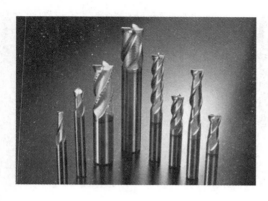

图6-12　碳化钨硬质合金钻头

于溶剂）保持一致，其他金属原子（类比于溶质）或取代部分基体原子的位置形成置换固溶体，或分散在基体晶格间隙中形成间隙固溶体，如图 6-13 所示。

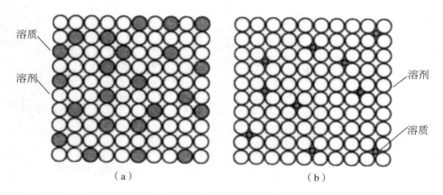

图6-13　固溶体的两种结构
（a）置换固溶体；（b）间隙固溶体

　　合金还有一种完全不同于固溶体的结构形式——金属间化合物。金属间化合物可以看作是金属与金属间形成的化合物，原子排列高度有序，原子之间的化学键兼具金属键和共价键的特征，如 $CuZn$、$NiTi$、$NiAl$、Ni_3Al 等。打个比方，如果固溶体是 A 溶解到 B 中，那么金属间化合物则是形成 AB 化合物。固溶体的晶体结构和基体金属保持一致，而金属间化合物的晶体结构与合金中所有组元金属的晶体结构都不同，甚至相差极大。

合金的制造除了传统的熔铸方法以外，还有一种粉末冶金方法。粉末冶金与陶瓷烧制有相似的地方，就是用各种金属粉末作为原料，混合均匀以后以一定的压力压制成预定形状的坯件，经过高温烧结，制造出所需合金零件。这种技术可以最大限度地减少合金成分偏聚，实现多种组分的复合，可以生产具有特殊结构的制品。

冶金水平的标志 —— 超高强度钢

钢铁是现代工业的筋骨。2020 年，中国钢产量超过 10 亿 t，为工业发展提供了雄厚的物质基础。为获得特殊性能，钢材中常需加入其他元素，形成合金钢。例如，在钢中加入 10.5% 以上的铬（有些钢种还添加适量的镍、钛、钼等元素），就会形成耐蚀的不锈钢；在钢中加入 12%～15% 的锰，抗冲击抗磨损能力就会大幅提高，可用于制造履带、钢轨等；在钢中加入 9%～17% 的钨，钢的硬度就会大大提高，可用来做钻头、刀具等。

在一些特种领域，需要使用一种特殊的钢材——超高强度钢。超高强度钢具有极高的比强度和良好的韧性，是航空航天及国防装备等重大领域的关键材料，主要用作飞机的起落架、传动齿轮、主轴承和对接螺栓，以及火箭、导弹的发动机壳体等核心构件。超高强度钢的生产技术代表一个国家的最高冶金水平。

目前已实用化的超高强度钢中，美国于 20 世纪 90 年代研发出的 AerMet100 钢具有最佳的综合性能。AerMet100 钢属于 Fe-Co-Ni-

Mo-Cr-C 合金体系，主要合金元素质量含量为 C 0.23%、Cr 3.1%、Co 13.4%、Ni 11.1%、Mo 1.2%，同时要把杂质含量控制在极低的水平，属于超高纯净钢材。AerMet100 钢的制造过程中要经过淬火、回火等一系列工艺来达到所需性能。美国 F-22 战斗机起落架的材料就是 AerMet100 钢。

起落架是飞机的关键承力件，对钢的质量要求非常高，须满足高均质、高强度、高疲劳性及良好的韧性等严苛的要求。在 C919 国产大型客机中，起落架就采用了我国自主研发生产的 300M 超高强度钢。

太空金属 —— 钛与钛合金

钛元素在地壳中的含量排第九位，约占整个地壳质量的 0.6%，是铜的 100 多倍。钛是银白色金属，抗腐蚀能力极强，耐高温、耐低温性能良好（−269～600℃），而且重量轻、强度高、硬度大，它的密度大概是铝的 1.7 倍，硬度却是铝的 6 倍，比强度（强度与密度之比）位于所有金属之首。因此，钛及钛合金（Ti 与 Al、Mo、Fe、V、Cr、Zr、Sn、Si 等元素组成的合金）是极其重要的轻质结构材料，在航空航天领域具有非常重要的应用价值，被誉为"太空金属"，比如航空发动机就常采用钛合金来制造叶轮（见图 6-14）。美国 F-22 战斗机钛合金用量达到其总质量的 41%，铝合金用量为 15%，钢材用量只有 5%。

我国的歼 20 战机也采用了钛合金主体结构。根据公开的材料，我国是世界上首个掌握激光成形钛合金大型主承力构件制造且付诸实践的国家。2013 年，"飞机钛合金大型复杂整体构件激光成形技术"获国家技术发明奖一等奖。

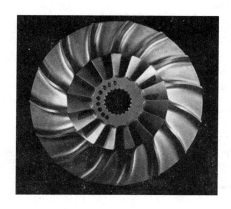

图 6-14　钛合金航空发动机叶轮

钛合金制成的潜艇，既能抗海水腐蚀，又能抗深层压力，其下潜深度比钢铁潜艇增加 80% 以上。钛还具有"亲生物"性，被广泛用于生物医学工程领域，制造人造髋关节、膝关节、肩关节等。

有记忆的金属 —— 形状记忆合金

1963 年，美国海军兵器研究所在进行一项新装备研究时，研究员们将一些弯弯曲曲的镍钛合金丝拉直后使用。可是在试验过程中，奇怪的现象出现了，当被泡在热水中时，这些拉直的合金丝突然又全部恢复到弯弯曲曲的形状，而且和原来丝毫不差。这个偶然的发现使他们发明了 Ni-Ti 形状记忆合金。

形状记忆合金，顾名思义，就是能记住原来形状的合金。这种合金在相变温度以上比较坚硬，可加工成特定形状，当把温度降到一定温度以下时它又会变得比较柔软，可以弯曲变形，但当它被再次加热到相变温度以上时，又能自动恢复原状。

1969 年，美国宇航员登月，通过一个直径数米的半球形天线传输月地之间的信息。这个庞然大物是怎么被带到月球上的呢？美国航空航天局先用镍钛合金在 40℃ 以上制成天线,再把它冷却到 28℃ 以下揉成一团,使它的体积缩小到原来的 1‰。到达月球后,宇航员把这一团天线放在月球表面上,借助阳光照射使温度超过 40℃,这时天线就像一把折叠伞那样自动张开,恢复原状(见图 6-15)。

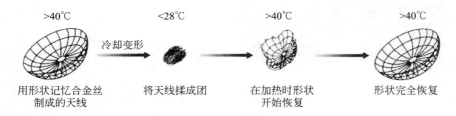

图6-15 记忆合金制成的月面天线变形过程

记忆合金为什么会变形呢?原来,在加热和冷却时,它的内部会发生形态结构改变:低温下是比较柔软的马氏体组织,高温下是坚硬的奥氏体组织。晶体结构变化如图 6-16 所示。

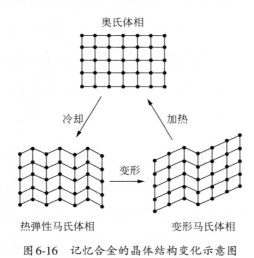

图6-16 记忆合金的晶体结构变化示意图

具有形状记忆效应的实用 Ni-Ti 合金的钛镍原子数比为 1∶1 左右。

50∶50 原子数比的 Ni-Ti 合金相变温度在 60℃左右；如果镍含量升高一点，相变温度则会下降，如 51∶49 原子数比的 Ni-Ti 合金相变温度就会变为 –30℃；反之，如果镍含量降低一点，相变温度会升高。Ni 原子数比例改变 0.1% 就能使相变温度变化约 10℃，因此，Ni-Ti 合金的相变温度随原子数比例不同可在 –50 ~ 100℃范围内变化。

记忆合金已经被广泛应用于航空航天、医疗卫生、建筑工业以及日常生活等领域。例如，中国"嫦娥一号"卫星的太阳能电池板，就采用形状记忆合金固定，卫星发射前折叠成层状，待卫星发射升空后加热，它就会自动伸展成平整的两翼；在医疗领域，记忆合金可用来做牙齿矫形丝、脊柱矫形器、各类腔内支架等；在日常生活中，记忆合金可用来做电热水壶控制器、空调风向调节器、散热器阀门等。

目前，科研人员已经相继开发出 Ni-Ti 基、Cu 基（如 Cu-Zn-Al、Cu-Al-Ni）和 Fe 基（如 Fe-Mn-Si、Fe-Ni-Co-Ti 等）三大体系的形状记忆合金，还研究成功了形状记忆陶瓷和形状记忆聚合物等智能材料。

会呼吸的金属 —— 储氢合金

氢是一种高热值燃料，燃烧 1 kg 氢气放出的热量相当于燃烧 3 kg 汽油，而且氢的燃烧产物是水，无毒无害，因此，氢能源将会是未来社会的重要能源。在 –252.7℃时，氢气可以变成液体。目前，许多火箭发动机就是用液氢作为燃料的。

传统的储氢方式有高压气态储氢和低温液态储氢，但这两种方式都很难应用到日常生活中，直接制约了氢能的应用。从 20 世纪 60 年代起，人们发现 LaNi$_5$、TiFe、Mg$_2$Ni 等合金具有可逆的吸放氢能力，其储氢密度竟然比液化的氢气还高，由此引发了储氢合金的研究热潮。

所谓储氢合金，就是能可逆地吸收和释放氢气的合金。储氢合金在一定温度和压力下能大量吸收氢气，形成稳定的金属氢化物，而如果把金属氢化物加热或减压，它又会发生分解，把储存的氢以高纯氢气的形式释放出来。因为储氢合金中的 H 原子进入了合金内部晶格中，相当于一种固态储氢方式，所以储氢密度要比液态氢还高。

LaNi$_5$ 是储氢合金的典型代表，它是一种金属间化合物，在室温下与几个大气压的氢气反应，即可被氢化，生成 LaNi$_5$H$_6$ 氢化物，储氢密度可达液氢的 1.4 倍以上。LaNi$_5$ 吸氢后体积会膨胀约 24%，放出氢气后体积又会收缩回去。

储氢合金一般都做成粉末状，有些也可以做成比较小的块体。目前，储氢合金除氢气储运功能外，还在氢镍蓄电池、燃料电池及一些蓄热装置中得到应用。

过冷的液态合金 —— 金属玻璃

众所周知，金属一般以晶体形式存在，因为金属晶体结构简单，原子就像一个个小球一样堆在一起形成简单的密堆积结构，所以极易结晶，故早前人们认为金属是不可能形成非晶体的。

当金属被熔化变成液态后，它的原子处于无序的、混乱的运动状态，把它逐渐冷却形成固体时，原子会重新排列成有序结构，形成晶体。但是，如果冷却速度足够快，还会形成晶体吗？

1960 年，美国科学家把金－硅（Au-Si）合金熔液喷射到高速旋转的铜辊上，这时的冷却速度高达 100 万℃/s，结果竟然得到了薄薄的非晶态的合金条带，"金属玻璃"出现了。

当以极高的速度将熔融的合金冷却时，原子还没来得及按照相应的晶体结构进行重排，合金就固化了，于是，原子无序混乱的状态就被保存下来，被"冻结"成非晶态合金，这就是金属玻璃。由于金属玻璃的内部结构就像被固化了的液体状态，所以也被形象地称为液态金属。金属玻璃是不透明的，因为这里所谓的"玻璃"并不是指日常生活中常见的玻璃，而是指玻璃态结构，即非晶体。

100 万℃/s 的冷却速度是极其惊人的，要知道古代铸剑师把打好的钢刀放在炉火上烧红，然后立刻放入冷水中淬火，此时的冷却速度只有几千摄氏度每秒。如果不把冷却速度降下来，金属玻璃只能做成薄带状或细丝状，限制了其应用。后来研究发现，合金中组元越多，原子尺寸相差越大，结晶速度越慢，这样就能极大地降低冷却速度，就可以制备出大块金属玻璃了。例如，Cu-Pd-Si 合金，只需要几百摄氏度每秒的冷却速度就能形成金属玻璃；而 Zr-Ti-Cu-Ni-Be 合金更是只要几摄氏度每秒就够了。如图 6-17 所示给出了一个达到厘米级别的大块金属玻璃样品。

普通金属都是以多晶体形式存在，由许多小的晶粒组成，晶粒间存在晶界，即晶粒的分界面。而金属玻璃为非晶态结构，显微组织均匀，不含晶界、位错等晶体缺陷，抵抗受力变形的能力大大增强。二者内部结构对比如图 6-18 所示。作为兼有玻璃、金属、固体和液体特性的新型金属材料，混乱无序的内部结构使得金属玻璃的性能与传统的合金相当不同，它具有高强度、高硬度、高弹性、耐磨损等优异的力学性能。

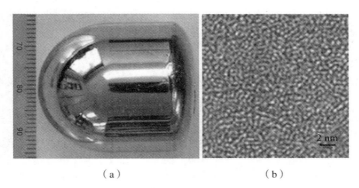

（a） （b）

图6-17　金属玻璃样品
（a）直径约3 cm的块体金属玻璃；（b）表面原子排列照片

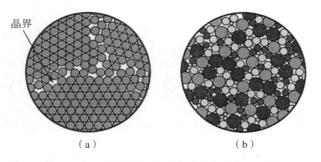

（a） （b）

图6-18　金属晶体和金属玻璃内部结构示意图
（a）金属晶体；（b）金属玻璃

已经研制出的Zr基块体金属玻璃，其强度是目前最好的工业用钢的3倍，弹性则是钢的10倍。把一个金属玻璃小球扔到地上，它会像弹力球一样反弹回来。铁钽硅硼金属玻璃线材，拉伸强度高达4000 Mpa，为一般钢丝的10倍。钴基金属玻璃的拉伸强度达到创纪录的6000 Mpa，是迄今为止最强的金属材料。

在军事上，经钨丝增强的 Zr 基块体金属玻璃是目前性能最优异的穿甲弹弹芯材料。穿甲弹弹芯为长杆状，普通金属弹芯在冲击力的作用下会变成扁平的蘑菇状，而块体金属玻璃弹芯不仅不会变成扁平状，反而由于冲击力的作用将它的四周撕裂，使其在射入装甲时变得更加尖锐，大大提高了摧毁能力。

金属塑料

塑料在日常生活中很常见，它的软化点低，变形和加工能力非常好，这也正是塑料这一名称产生的原因，可塑的材料嘛。与之相反，金属强度比塑料高很多，但是加工性能却远比塑料差。金属和塑料就是两类性能上近乎矛盾的材料。正所谓鱼和熊掌不可兼得，一直以来，人们都没发现既有金属的强度，又有塑料的可塑性的材料。

直到 2005 年，中国科学院物理研究所合成了一种全新的金属材料——$Ce_{70}Al_{10}Cu_{20}$ 非晶态合金，这种材料在室温下具有和铝镁合金一样的强度，但是当温度升高到开水的温度，它就会像塑料一样展现出惊人的拉伸、压缩、弯曲、压印等各种加工变形行为（见图 6-19）。正是因为兼具金属的强度和塑料的可塑性，这种材料被称为"金属塑料"。

图6-19　Ce基金属塑料在开水中压印的中国科学院物理研究所所徽

金属塑料的发现与金属玻璃密切相关。块体金属玻璃具有一个非常独特的性能，即在温度升高达到玻璃化转变温度时，它会进入一个新的形态——过冷液体状态，在过冷液体温度区间内，它会像黏性流体一样拥有很好的变形能力，这就是其可塑性的来源。但是，大多数的块体金属玻璃的玻璃化转变温度都很高，一般为 $300 \sim 600℃$，这就限制了其应用。而 $Ce_{70}Al_{10}Cu_{20}$ 的玻璃化转变温度低至 $68℃$，过冷区间为 $68 \sim 148℃$，可以在开水中轻易地进行各种塑性变形，成为真正实用化的"金属塑料"。

事实上，关于非晶态物质的玻璃化转变机理，到现在科学家们也没完全弄清楚。自 20 世纪 40 年代以来，关于玻璃化转变的理论可谓层出不穷，曾有人开玩笑说，玻璃化转变的理论比提出它们的科学家还多。直到现在，"玻璃态的本质是什么"仍被认为是最具挑战性的基础物理问题之一。

现在已经发现了一系列的金属塑料材料，包括 Ce 基、CeLa 基、CaLi 基、CeGa 基、Yb 基、Sr 基和 Zn 基等非晶态合金。金属塑料能使很多复杂工件的加工制造变得更容易、更便宜，同时，它也是进行纳米、微米级加工的优良材料，具有广阔的应用前景。

泡沫金属

在我们通常的印象中，金属都是坚硬的、致密的。在传统的金属材料中，孔洞是一种缺陷，因为它们往往是裂纹形成和扩展的中心。但是，当材料中孔洞数量增加到一定程度时，就会产生一些奇异的功能，从而形成一类新的材料，这就是泡沫金属（见图6-20）。泡沫金属密度小、质量轻，具有良好的吸能性能、吸声性能及电磁屏蔽性能等，因而在工业领域有着广泛的应用。

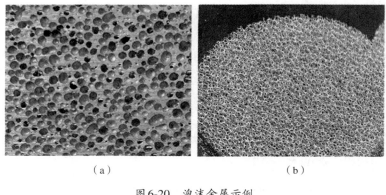

（a） （b）

图6-20 泡沫金属示例
（a）泡沫铝；（b）泡沫镍

常见的泡沫金属有泡沫镍、泡沫铜、泡沫铝、泡沫钢、泡沫钛、泡沫铅等。泡沫金属的孔隙率随种类和制备方法不同在40%～98%范围内变化，孔径一般介于0.1～10 mm，密度为同体积金属的2%～60%。

泡沫金属的制备方法有吹气法、发泡法、电镀法等10多种方法。吹气法就是在熔融的金属液中吹入气泡，形成液态金属泡沫，然后冷却得到泡沫金属。发泡法是在金属熔液中掺入发泡剂，发泡剂分解释放的气体使金属熔体直接发泡，冷却后得到泡沫金属。

最有趣的是电镀法，我们用泡沫镍的制备来说明。取一块海绵，对它进行导电化处理。目前大的厂家普遍采用真空气相沉积法，在本来不导电的海绵上沉积一层厚度约为0.1 μm的镍导电层。经过导电化处理的海绵就可以在电镀设备中电镀金属镍，使镍层厚度不断增大，以达到所需的金属含量。电镀完成后，在热解炉中将海绵燃烧、去除，然后进行高温还原处理，就能得到最终的泡沫镍产品了。电镀法得到的泡沫镍就像金属海绵一样，孔隙率高达 95% ~ 98%，可以用作电池的集流体、催化剂载体、过滤器、吸声材料等。

先进的特种陶瓷

先进陶瓷 —— 陶瓷也有高科技

陶瓷是我们再熟悉不过的材料了，杯盘碗碟无一不是陶瓷制品。可是你知道吗，有的陶瓷竟然是先进的高科技材料，这就是先进陶瓷！

先进陶瓷与传统陶瓷都是经过高温煅烧得到的无机非金属材料，但是在所用原料粉体、成型方法和煅烧制度等方面却有着很大的区别。与传统陶瓷选用天然矿物原料不同，先进陶瓷首先对原料粉末提出了苛刻的要求，如要求高纯、超细（粉体粒度在 1 μm 以下）甚至纳米粉料，要达到如此要求，需要经复杂的化学合成过程才能制得精制的原料粉体。其次，先进陶瓷的成形方法也与传统陶瓷不同，它需要经过特殊的成形工艺（如半干压、冷等静压、热等静压、热压铸、注射、轧膜、流延等）和精确的高温烧结，才能制得高性能的先进陶瓷制品。

根据性能与用途的不同，先进陶瓷可分为结构陶瓷和功能陶瓷两大类。

结构陶瓷是指应用在耐高强度、耐高温、耐腐蚀、耐磨损等场合的陶瓷，广泛应用于机械、能源、化工、汽车、航空航天等领域。结构陶瓷又分为两大类：氧化物陶瓷（如 Al_2O_3、ZrO_2）和非氧化物陶瓷（如

Si_3N_4、SiC）。

功能陶瓷是一类颇具灵性的材料，它们或能感知光线，或能区分气味，或能储存信息……它们具有某些方面的物理化学特性，因此能对电、磁、声、光、热、力、化学环境和生物环境产生敏感响应，是电子和信息工业中的关键材料。功能陶瓷有铁电陶瓷、压电陶瓷、热敏感陶瓷、光敏感陶瓷、气体敏感陶瓷、湿度敏感陶瓷、电压敏感陶瓷、磁性陶瓷、磁光陶瓷、高温超导陶瓷、生物功能陶瓷等。

随着科学技术的发展，结构陶瓷与功能陶瓷的界限逐渐模糊，有的新材料兼有优越的力学性能和优良的功能效应，这就是"结构陶瓷功能化，功能陶瓷结构化"。

氧化铝透明陶瓷

氧化铝陶瓷是一种以 $\alpha\text{-}Al_2O_3$ 为主晶相的结构陶瓷，其 Al_2O_3 质量百分含量一般在 75% 以上、含量在 99% 以上者又称刚玉瓷。随着 Al_2O_3 含量的增加，陶瓷的烧成温度升高，机械强度增加。目前，氧化铝陶瓷在氧化物陶瓷中用途最广、产量最大。利用其强度高、硬度大等性能可做磨料、磨具、刀具、球阀、轴承等；利用其化学稳定性良好可做人工关节、坩埚等；利用其电绝缘性好、耐高温性能好可做电绝缘瓷件、火花塞等。

在显微镜下观察，会发现陶瓷内部存在微裂纹，因此，陶瓷普遍具有韧性低、脆性大的缺点，容易断裂。人们发现，在氧化铝陶瓷中添加氧化锆（ZrO_2），可以改变其显微结构，提高强度和断裂韧性，改进其不足，这种方法叫氧化锆增韧。除此之外，人们还发明了微裂纹增韧、颗粒弥散增韧、纤维补强增韧等多种方法来增加陶瓷的韧性。结构陶瓷通过增韧后，拓宽了应用范围，可以用来代替金属制造模具、泵机的轮叶和发动机构件等。

氧化铝陶瓷一般是白色的（见图 6-21），并不透明，其原因是陶瓷内部含有微气孔等缺陷，对光线产生折射和散射作用，使光线无法透过。那么如果消除了气孔，陶瓷会不会变透明呢？依照这个思路，1962 年，美国成功制出氧化铝透明陶瓷。气孔率对陶瓷透明度影响非常大，1%的气孔率变动就能使陶瓷从透明变成半透明。

图 6-21　氧化铝陶瓷

研究发现，将 MgO、ZnO、NiO、La$_2$O$_3$ 等添加剂掺入高纯细散的 Al$_2$O$_3$ 粉末中压制成形，并在氢气保护下或真空中焙烧，就能完全消除气孔，制得具有较高透明度的陶瓷材料（见图 6-22）。这种透明陶瓷不仅能透过可见光和红外线，而且具有较高的热导率、较大的高温强度、良好的热稳定性和耐腐蚀性。

用氧化铝掺入少量氧化镁在 1800℃高温下制成的全透明陶瓷，外观很像玻璃，硬度大、强度高，可以作为飞机的挡风玻璃、轿车的防弹窗、坦克的观察窗及雷达天线罩等。在相同的防弹效果下，透明陶瓷比传统的防弹玻璃更轻、更薄。

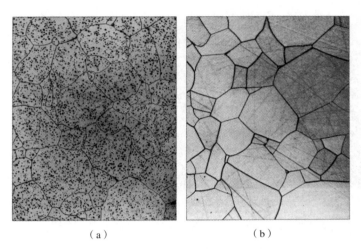

（a）　　　　　　　　　　（b）

图 6-22　两种氧化铝陶瓷的表面显微照片
（a）不透明的氧化铝陶瓷；（b）掺杂了 MgO 的透明氧化铝陶瓷（气孔已经基本消失）

除了氧化铝透明陶瓷外，目前已经开发的透明陶瓷还有氧化钇透明陶瓷、氧化锆透明陶瓷、电光透明陶瓷和激光透明陶瓷等。

氮化硅陶瓷 —— 比钢还强的陶瓷

氮化硅（Si_3N_4）是一种被誉为"像钢一样强，像金刚石一样硬，像铝一样轻"的结构陶瓷，其表面润滑性能与加了油的金属表面相似，还具有优良的力学性能。Si_3N_4 原子间形成的共价键非常强，因此在高温下很稳定，工作温度保持在 1200℃时其强度不会下降，可耐氧化到1400℃。

氮化硅陶瓷的外观与其气孔率高低和密度大小有关，由灰白、蓝灰变到黑灰色，接近理论密度的氮化硅陶瓷表面抛光后具有金属光泽。由于其优异的性能，可用作轴承（见图6-23）、燃气轮机的燃烧室、陶瓷发动机中的活塞顶盖和机械密封环、汽轮机叶片、火箭喷嘴等。

图6-23　氮化硅轴承

普通陶瓷一般只需制坯后放入窑炉里烧制便可，而先进陶瓷的生产工艺就要复杂得多。例如，生产氮化硅陶瓷需要用结晶硅块作原料，把硅块放入球磨机（一种磨碎物料的机器）里，加酒精湿磨成很细的粉末。把得到的硅粉用浇注法、模压法或热压法制成坯体，将坯体在氮气中用1200℃的高温进行初步氮化，使其中一部分硅粉与氮气反应，生成氮化硅。这时，整个坯体已经有了一定的强度，可以进行机械加工。将坯体加工至工件所需的形状尺寸，然后再在1350～1450℃的高温炉中进行第二次氮化，才能生成氮化硅陶瓷。

结构陶瓷在先进坦克上的应用

坦克有"陆战之王"的美称，可是，如果你以为现代坦克是一个大铁疙瘩，那可就大错特错了。先进坦克已经离不开陶瓷材料了。

（1）防护装甲。结构陶瓷的高强度、高硬度、低密度特性使其成为制造防护装甲的理想材料。氧化铝陶瓷的硬度是标准均质钢的 3 倍以上，相同体积下质量不到其一半，且具有性能稳定、成本较低等优点，因而在坦克中得到普遍采用。但是，陶瓷断裂韧度值较低，不能经受多重打击，因此，通常与其他装甲材料组合使用。采用高硬度、高强度的陶瓷材料作面板，采用塑性好、抗拉强度高的金属材料作背板，中间夹上陶瓷含量沿厚度连续变化的过渡层。这种装甲既具有陶瓷抗侵彻的优越性能，又有金属的良好韧性，可以显著提高抗多次打击的能力。

（2）炮管内衬。随着火炮口径的不断增大，炮弹初速越来越快，炮管承受的压力和温度也越来越高。在高温高压以及火药气体的综合作用下，炮管的烧蚀极为严重。利用陶瓷的抗高压、抗蠕变及高温化学稳定性好等特性，可有效抑制炮管的烧蚀，延长其使用寿命。采用 SiC、Si_3N_4、SiAlON[①] 等陶瓷内衬复合材料，可使炮管寿命提高 50%，质量减轻 5% ~ 25%，炮口动能增加 20%，大大提升火炮性能。

（3）发动机。发动机是坦克的动力源泉，在一定储油量条件下，发动机热效率越高，行驶里程就越长。研究表明，提高发动机的工作温度，燃烧效率会大大提高。目前世界各国坦克发动机以耐热合金钢为主，耐温极限在 1100℃ 左右。而氮化硅陶瓷耐温极限可达 1400℃、碳化硅陶瓷可达 1700℃，如果用这些耐热陶瓷制造陶瓷发动机，其工作温度可达 1300 ~ 1500℃，并且不需要冷却系统，这样便可节省 30% 的热能，发动机的自重还能减轻一半。陶瓷发动机生产技术难度较大，目前还处

---

① SiAlON 是由 Si_3N_4-Al_2O_3-SiO_2-AlN 复合而成的 Si-Al-O-N 四元系列陶瓷材料。

于研发中。

声呐 —— 用功能陶瓷探测潜艇

压电陶瓷是一种具有压电效应的功能陶瓷。所谓压电效应，是指材料在外部压力的作用下会产生变形，并产生电压；反之，施加电压，材料将产生变形。这种奇妙的效应已经被应用在许多领域，以实现机械能与电能的相互转化。常用的压电陶瓷有钛酸钡（$BaTiO_3$）、钛酸铅（$PbTiO_3$）等。

声呐是压电陶瓷的一个重要应用。人们发现声波在水中可以传得很远，而且传播速度比在空气里快得多，于是想到利用声波来探测潜艇。压电陶瓷在交变电压的作用下，会产生机械振动，如果振动频率达到其共振频率，可以产生很强的声波，这种声波在海水中可以传播几十海里，这就是声波发生器的原理。当声波遇到障碍物时，就能反射回来，再利用一个声波接收器，它仍是很灵敏的压电陶瓷，当受到声波的作用时（一种微小的振动），通过压电效应，把声波转换成电信号记录下来。通过计算，就可以判断水下障碍物的方向和距离。

上述声呐由声波发生器和声波接收器组成，可称为主动声呐。还有一种被动声呐，指声呐自己不发出信号，只是被动接收对方潜艇产生的辐射噪声，以测定目标的方位和距离。被动声呐隐蔽性好，但精度不如主动声呐高。

超导陶瓷 —— 最好的超导体

1911 年，荷兰物理学家海克·昂内斯（Heike Onnes）发现把水银

（Hg）的温度降到 4.2 K 时，它的电阻会突然变为 0，他把这一奇特现象称为超导。处于超导态的材料就是超导体，发生超导转变的温度就是超导体的临界温度，如水银的临界温度是 4.2 K。显然，超导体的临界温度越接近常温（298 K），其实用价值越大。

除了零电阻以外，超导体还有一个神奇的特性——完全抗磁性。这一性质导致磁铁的磁力线无法进入超导体内部，因此，超导体会与磁铁产生排斥作用，使其悬浮在磁铁上方（见图 6-24）。

图 6-24　悬浮的超导体（超导体具有完全抗磁性，会悬浮在磁铁上方）

传统观念中，陶瓷与导电性似乎沾不上关系，更别提超导电性了，所以最开始人们认为寻找超导材料应该从金属合金入手，但是合金的最高临界温度长期徘徊在 23 K 而无法取得突破。直到 1986 年，德国物理学家约翰尼斯·格奥尔格·贝德诺尔茨（Johannes Georg Bednorz）与瑞士物理学家卡尔·亚历山大·缪勒（Karl Alexander Müller）发现，Ba-La-Cu-O 系氧化物陶瓷竟然具有超导性，临界温度还"高达"30 开，这一发现震惊了世界，他们也因此荣获 1987 年诺贝尔物理学奖。随后，Y-Ba-Cu-O 体系、Hg-Ba-Ca-Cu-O 体系、铁基超导体系（如 K-Fe-As、Sr-Fe-As）等各种超导陶瓷不断被发现。目前，Hg-Ba-Ca-Cu-O 体系的临界温度已经达到了 135 K。

超导陶瓷的制备方法有很多，我们以 Y-Ba-Cu-O 系为代表，来了解比较简单的固相合成工艺。把 Y_2O_3、$BaCO_3$ 和 CuO 按一定比例混合，在球磨机里加酒精充分磨细并混合均匀，于 $850 \sim 900℃$ 的高温下煅烧 48 h，然后再次球磨、煅烧，重复 $2 \sim 3$ 次，然后加工成所需形状，在氧气气氛下 $900℃$ 以上煅烧 48 h，然后降温至 $400 \sim 500℃$ 处理 12 h，冷却后便可形成 Y-Ba-Cu-O 超导陶瓷。

目前，很多超导陶瓷材料的临界温度已经突破了液氮温度上限（77 K），用液氮冷却就可实现超导，已经具有较好的工业实用性。2016 年，中国成功研制出国际首根百米量级的铁基超导长线（见图 6-25），该工作被誉为超导材料从实验室走向产业化进程的里程碑。

图 6-25　国际首根百米量级铁基超导长线

有机高分子材料

高分子 —— 现代社会的基石

随着有机化学的发展，人们发现有一类特殊的有机化合物，它们由几千个乃至几百万个相同的结构单元通过化学键连接而成，分子量高达几万乃至几千万。打个比方来说，把一个结构单元看作一个回形针，你把几千个回形针连在一起就形成了这样的化合物。因为分子量极大，这类化合物被称为高分子化合物。由于它是由大量相同单体连接聚合而成的，因此也叫高分子聚合物，简称高聚物。图 6-26 所示为一种最常见的高聚物——聚乙烯的结构示意图。

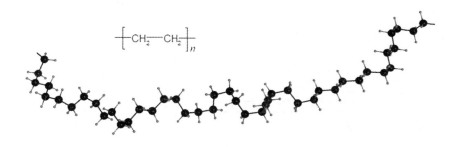

图 6-26　聚乙烯高分子长链结构模型（局部）

其实，高分子在自然界中是广泛存在的，如动植物体内的蛋白质，就是一种结构极其复杂的高分子化合物。植物纤维、蚕丝及天然橡胶，也都是高分子化合物。但是，长期以来人们并不知道这些物质是高分子。19 世纪末，人们以为高分子物质是一种胶体，直到 1920 年，才由德国化学家赫尔曼·施陶丁格（Hermann Staudinger）提出"长链大分子"以及"高分子"的概念，向"胶体论"提出挑战。没想到，施陶丁格的学说竟遭到大多数化学家甚至包括一些诺贝尔化学奖得主的反对。但是，随着研究的深入，人们找到越来越多的证据证明高分子的存在，尤其是分子量的测定证明高分子的确分子量巨大。经过 10 多年的努力，1932 年，高分子理论终于得到国际公认。1953 年，施陶丁格获得了诺贝尔化学奖。

今天，我们已经生活在高分子的世界里，从最普通的日常生活用品到最尖端的高科技产品都离不开高分子材料。从 20 世纪 80 年代起，塑料、化学纤维和合成橡胶这三大高分子材料的世界年产量，就已经超过 1 亿 t。如图 6-27 所示为高分子工业的基本生产结构。

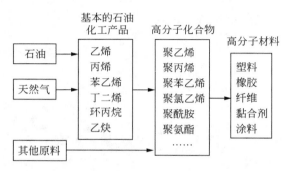

图 6-27　高分子工业基本生产结构

塑料的诞生

塑料，顾名思义，就是具有塑性的材料。热塑性塑料可以反复塑形，但热固性塑料固化以后就不能再次塑形了。

塑料的诞生只有约 150 年的历史，它的元老品种叫"赛璐珞"。台球是欧美人很喜欢的一项休闲运动，最初台球都是用象牙制成。随着玩台球的人越来越多，而大象越来越少，导致象牙短缺，台球货源不足。1863 年，美国一家台球制造商向公众悬赏 10 000 美元来寻找象牙的替代品。10 000 美元在当时可不是小数目，悬赏引起了轰动，很多人都投入这项研究中。有一个印刷工人约翰·海亚特（John Hyatt）也想拿到这笔奖金，就开始用锯末面和胶水黏合来做实验。有一天，海亚特工作时不小心割伤了手指，于是跑到架子边去拿疗伤的火胶棉涂抹伤口。可是，匆忙之中他把装火胶棉的瓶子碰倒了。火胶棉是把硝酸纤维素溶解在有机溶剂中制成的一种胶状液体，溶剂蒸发后，留在架子上的竟然是一块硝化纤维素硬板。正所谓"踏破铁鞋无觅处，得来全不费工夫"，海亚特察觉到这种硬板的材质要比他的胶水和锯末面好得多。于是，他和他的弟弟就此展开研究。1870 年，兄弟俩成功了，他们发明出一种用硝酸纤维素和樟脑（起到增塑剂的作用）制成的脆性塑料，并且申请了专利，称它为"赛璐珞"（音译，英文的意思是假象牙）。

可惜的是，他们并没有赢得那 1 万美元奖金，因为用赛璐珞制成的台球在大力碰撞时常常会爆裂。但是，正所谓"东方不亮西方亮"，赛璐珞做不了台球，但可以用来做日用品，如扣子、眼镜架、塑料盒等。1872 年，海亚特在美国建立了第一个生产赛璐珞的工厂，从此，塑料正式诞生了。

塑料的世界

虽然赛璐珞已经是塑料制品，但人们并不了解其高分子的本质。到了 1920 年，施陶丁格建立了高分子理论以后，人们对高分子的合成有了理论上的指导，于是各种塑料开始大量出现。施陶丁格自己就合成了聚苯乙烯（PS），反应式如下：

施陶丁格最早合成的聚苯乙烯分子量约为 600 000，大约由 5700 个苯乙烯单体聚合而成，也就是说，上式中 $n \approx 5700$。塑料的聚合度并不是固定的，对于实际合成出的产品，n 在 5700 左右呈统计规律分布。

现在，塑料制品已经遍布世界，从工业到农业，从生产到生活，无不发挥着巨大的作用。产量最大的塑料是聚乙烯（PE），约占世界塑料总产量的 1/3，此外，还有聚丙烯（PP）、聚氯乙烯（PVC）、聚碳酸酯（PC）等大量使用的品种。它们的结构式如图 6-28 所示。我们一般把由单体通过聚合反应生成的原始高分子聚合物叫作树脂。例如，聚乙烯树脂为无毒、无味的白色粉末或颗粒（见图 6-29），有似蜡的手感，可用于制作食品包装袋、保鲜膜、日用品、大棚膜及各种管材、型材等。而塑料则是以树脂为基体，在其中加入填料、增塑剂、稳定剂、润滑剂、着色剂等添加剂而制成。

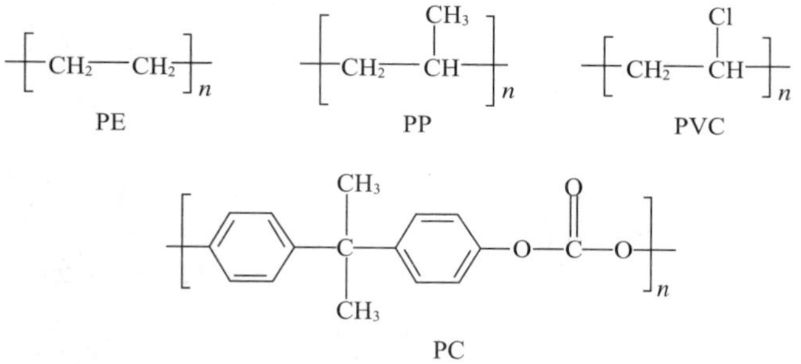

$$\left[CH_2 - CH_2 \right]_n \qquad \left[CH_2 - \overset{\displaystyle CH_3}{CH} \right]_n \qquad \left[CH_2 - \overset{\displaystyle Cl}{CH} \right]_n$$
$$\text{PE} \qquad\qquad\qquad \text{PP} \qquad\qquad\qquad \text{PVC}$$

$$\left[\overset{\displaystyle CH_3}{\underset{\displaystyle CH_3}{C}} - \bigcirc - \bigcirc - O - \overset{\displaystyle O}{C} - O \right]_n$$
$$\text{PC}$$

图 6-28　常见塑料的聚合物分子结构式

图 6-29　聚乙烯树脂

在工程领域，塑料已经不可或缺，如被称为塑料之王的聚四氟乙烯（PTFE），能在 –250～300℃范围内稳定使用，不溶于任何溶剂，耐强酸强碱强腐蚀剂，润滑性、电绝缘性好，用途十分广泛（见图 6-30）。

图 6-30　聚四氟乙烯制品

人们俗称的有机玻璃也是一种塑料，它的学名叫聚甲基丙烯酸甲酯（PMMA）。它的透光性极佳，能使 99% 的可见光和 73% 的紫外线顺利通过。普通硅酸盐玻璃的厚度一旦达到 15 cm，就已经看不清玻璃后面的东西，但是隔着 1 m 厚的有机玻璃观察它后面的东西，仍然清晰可见。有机玻璃不但晶莹剔透，而且比普通玻璃轻一半左右，更为可贵的是，它的机械强度要比硅酸盐玻璃高 10 倍以上，不易破碎。因此，有机玻璃适于制作光学仪器和建筑装饰材料。

能导电的塑料

2000 年的诺贝尔化学奖被颁发给日本和美国的 3 位科学家，因为他们"发明并研制出了导电塑料"（见第 1 章）。这一发明改变了人们认为塑料不可能导电的传统观念。经过几十年的发展，导电高分子材料也从最初的聚乙炔发展到聚苯胺、聚吡咯、聚噻吩等数十种材料，这些材料经掺杂（通过化学反应在有机大分子中掺入少量无机离子）后电导率可达到半导体甚至金属导体的水平。

另外，人们还想了另一种办法来使塑料导电，那就是以塑料为基体，在其中加入导电填料组合成复合型导电塑料，使其在不改变原有塑料的加工性的同时，兼有导电性。常用的塑料基体有聚乙烯、聚丙烯、聚苯乙烯、聚碳酸酯、尼龙等；导电填料有金属纤维、金属粉末、碳纤维、炭黑等。当导电填料在导电塑料中的体积达到临界值时，材料的电阻会突然降低，从而具有导电性，如图 6-31 所示。

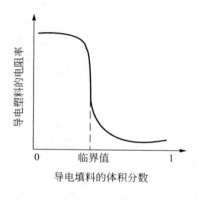

图 6-31　导电填料体积分数与导电塑料电阻率的关系

导电塑料可作为航天器部分金属材料的替代品，以减轻重量。还可以制作塑料太阳能电池，在柔性、重量和成本方面相比传统太阳能电池有着巨大的优势。在不久的将来，导电塑料还可能做成塑料电路和塑料芯片用在电子设备上，目前国际上已经研制出集成了几百个电子元器件的塑料芯片。导电塑料将来还可能做成塑料肌肉、塑料皮肤用在机器人上，未来可期。

可以"1+1 > 2"的复合材料

复合材料

金属材料、无机非金属材料和有机高分子材料是当今最主要的 3 大类材料，它们各有其优缺点。如果将 2 种或 2 种以上的异质材料按一定方式组合成新的材料，不仅能克服单一材料的缺点，而且会发生协同效应，产生单一材料通常不具备的新性能，产生"1+1 > 2"的效果，这就是复合材料。例如，上一节提到的复合型导电塑料就是复合材料。

复合材料其实不是什么新概念，人类早已发明并在使用着各种复合材料。最原始的复合材料就是几千年来人们盖房用的土坯，那是黄泥和秸秆的复合材料；现代的钢筋混凝土也是复合材料。

复合材料大多由基体材料与增强材料两部分组成，基体材料以连续相存在，增强材料分散于其中。金属、陶瓷、高分子聚合物等材料是常见的基体材料。增强材料有细颗粒、短纤维、连续纤维等形态，还有夹层型复合材料，如图 6-32 所示。

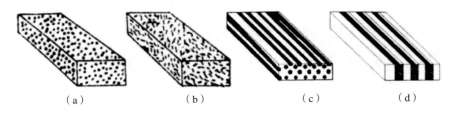

| （a） | （b） | （c） | （d） |

图 6-32　复合材料增强形态示意图
（a）颗粒增强；（b）短纤维增强；（c）连续纤维增强；（d）夹层型增强

轮胎 —— 橡胶和炭黑的复合

橡胶是一类发生部分交联的线型柔性高分子化合物，其分子链的柔顺性很好，在外力作用下可产生较大形变，除去外力后能迅速恢复原状，也就是说，它的弹性很好。常见的橡胶品种有丁苯橡胶、顺丁橡胶、氯丁橡胶等，通常用来制造轮胎及其他弹性制品。还有一些具有耐寒、耐热、耐油和耐磨等特殊性能的特种橡胶（如硅橡胶、氟橡胶、聚氨酯橡胶等）也已研制开发。

最早发现橡胶的是印第安人，他们发现用刀划开的橡胶树会流出白色的乳液。这种乳液就是天然胶乳，经凝固、干燥后就能制得天然橡胶。据说，3000株成年的橡胶树1年才可采得1吨左右的生橡胶。生橡胶是一种半透明的弹性体，可伸长10倍以上，但是它的耐磨性、耐冲击性和强度较差，并且夏天会发黏，冬天会变脆，使用很不方便。

18世纪中期，橡胶被殖民者带回欧洲，为了消除橡胶制品冷时变硬和热时发黏的缺点，人们进行了大量研究。19世纪中期，英国人和美国人差不多同时发现将硫黄掺入橡胶可以改善其缺点，而且弹性大大提高，这就是硫化橡胶。橡胶硫化一般要在150℃的高温下进行，在硫化过程中，硫黄与橡胶不是简单地混合，而是进行化学反应，使橡胶的化学结构发生变化，硫原子把橡胶的线型分子连接起来形成交联网状结构（见图6-33），其物理性能和化学性质随之得到显著改进。硫化橡胶的出现，使橡胶进入了实用化阶段，很快得到了广泛的应用。

汽车轮胎是我们日常生活中最常见的橡胶制品，但是你可能不知道，它实际上是一种橡胶和炭黑组成的复合材料。炭黑是由各种有机物质（油、蜡、木材、天然气等）不完全燃烧所得的轻而细的黑色粉末，制造方法非常简单，我们常见的锅底灰的主要成分就是炭黑。20世纪初，

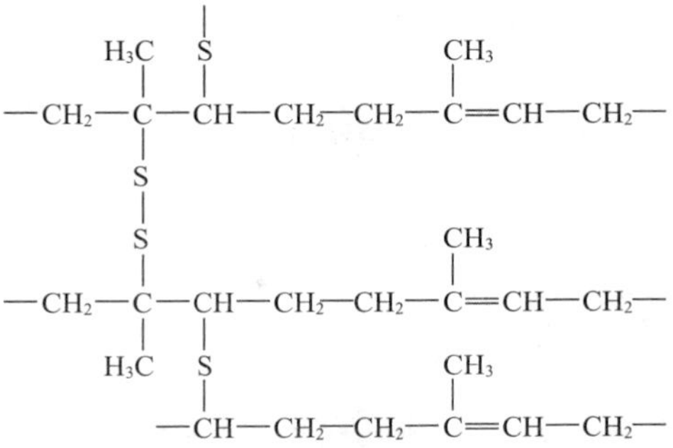

图 6-33　橡胶的线型分子通过与硫键合形成交联网状结构

炭黑被用于橡胶轮胎作着色剂，用量很少，主要是为了让轮胎呈黑色，因为固体天然橡胶呈黄色，不好看。1912 年，英国一个轮胎厂的工人在加料时加错了量，本来只要加一包炭黑就行了，结果他足足加了 100 包，真不知他当时是怎么想的。这本来是一次重大的生产责任事故，结果阴差阳错，反而成就了一项重大发明。这次生产出来的轮胎各方面的性能比以前有了极大提高。从此，炭黑作为橡胶补强剂成为轮胎橡胶中最重要的配合材料，被人们称为橡胶辅料。

　　炭黑在橡胶中占的比例非常大，如果橡胶生胶的质量为 100 份，就要加 50 份左右的炭黑作为填料。炭黑不仅可以减少橡胶用量，降低成本，还能提高橡胶的机械性能，大大提高橡胶的耐磨性和寿命，可谓一举两得。后来，人们又找到一些新的填料，如白炭黑（二氧化硅粉末）等。填料已经成为橡胶中不可或缺的组分。

　　看上去黑不溜秋的轮胎好像没什么科技含量，可是，如果它要承载飞机那样巨大的重量并高速起降，就对它的性能提出了极高的要求。航空轮胎载荷能力要能达到普通卡车轮胎的 10 倍以上，变形率要达到普通车用轮胎的 3～4 倍，要能耐巨大的冲击力和摩擦力，还要耐摩擦产生的高温，可谓是十足的高科技产品。航空轮胎是把橡胶、尼龙和钢丝 3 种基本材料复合在一起制成的（见图 6-34）。目前世界上只有少数几个企业能生产。

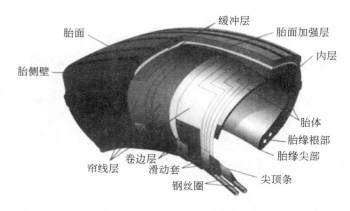

图 6-34　航空轮胎结构图（胎面由耐磨的合成橡胶制成；帘线层是轮胎受力的主要部分，由多层涂胶的尼龙帘线构成，根据帘线的缠绕形式，可分为斜交线和子午线；轮胎的骨架是钢丝圈）

不用钢的防弹头盔

除塑料和橡胶以外，还有一大类高分子材料，那就是纤维。所谓纤维，是指长度比直径大得多（一般超过 100 倍），并且具有一定柔韧性的纤细物质。棉、毛、丝、麻属于天然纤维，其余的统称为化学纤维。

化学纤维分为人造纤维和合成纤维。所谓人造纤维，是将无法纺织的天然短纤维，经过化学处理以后改造成为可以纺织的再生纤维，如人造丝、人造棉等。而合成纤维则是指用化学方法将有机小分子合成为高聚物，然后再加工成为可供纺织用的纤维材料，如尼龙、涤纶、腈纶、氨纶、丙纶和氯纶等。在合成纤维的制造过程中，纺丝熔体经纺丝成形和后续加工后，得到的长度以千米计的纤维称为长丝，而被切成几厘米或十几厘米长的纤维称为短纤维（见图6-35）。

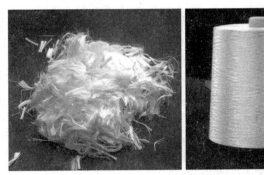

图6-35　聚丙烯腈纤维（腈纶）

1937年，美国杜邦公司经过10年的研究，发明了第一种合成纤维——尼龙66。尼龙是用己二胺与己二酸为原料合成的聚酰胺纤维。为了得到纤维，他们发明了熔融纺丝法，即将聚合物加热到熔融状态，然后把熔体均匀地从小孔中挤压出来形成细丝（就像压粉条一样），细丝在空气中冷却凝固就能形成纤维。1940年，世界上第一种尼龙制品——长筒女袜问世了。尼龙具有很多优点，它的耐磨性比棉花和羊毛高十几倍，弹性更是棉毛没法比的。所以尼龙袜甫一上市就受到女性的追捧，很多妇女为买到一双尼龙袜，不惜在寒冬清早去排长队等候商店开门，甚至为了抢一双袜子而大打出手。这一年，杜邦公司销售了6400多万双尼龙袜，创造了一个商业奇迹。

1968年，杜邦公司又研制出一种新型纤维——聚对苯二甲酰对苯二胺纤维，被命名为"凯夫拉"，中国称为"芳纶"。芳纶的硬度比普通钢铁高 40%，强度是钢丝的 5 倍，韧性是钢丝的 2 倍，而重量仅为钢丝的 1/5。如此优异的性能，使其很快就被用来做防弹材料。

20 世纪 70 年代早期，美军研制出了树脂 / 芳纶复合材料制成防弹头盔，它由多层次的凯夫拉 29 防弹纤维、酚醛树脂和聚乙烯醇缩丁醛树脂复合而成。从那时起，不同类型的芳纶开始成为制作防弹头盔的原材料，它们基本都是以芳纶布及树脂为原料，经热压成形的复合材料。2003 年伊拉克战争中，一个名叫沃尔德曼的英国士兵头盔上被打了 4 个枪眼，而人却毫发无损，正是芳纶防弹头盔救了他的命。

玻璃钢 —— 玻璃纤维复合材料

玻璃钢既不是玻璃也不是钢，它是一种常见的复合材料，学名叫玻璃纤维增强塑料，是由玻璃纤维与高分子聚合物（如聚酯树脂、环氧树脂等）复合而成。

玻璃纤维是以废旧玻璃为原料，将其熔化并以极快的速度拉成细丝制得。其单丝的直径为几微米到二十几微米，相当于一根头发丝的 1/20 ~ 1/5。玻璃纤维非常柔软，可用来纺织，但玻璃纤维的强度又很高，比天然纤维或化学纤维高 5 ~ 30 倍。在制造玻璃钢时，可将玻璃纤维制成纱、带或布加到树脂基体中，也可以把玻璃纤维切成短纤维加到基体中。

玻璃纤维的拉伸强度非常高，比普通钢材高得多，但是由于它很细，如果拧成一股绳子，需要几千几万根纤维，这时候由于这些纤维不能同时受力，绳子的拉伸强度就会大幅度下降，纤维的总体性能得不到充分发挥。而将纤维分散到树脂基体中，就能将应力分散到每一根纤维上，纤维的性能就会得到充分发挥，基体的性能也会得以增强，取得"1+1 > 2"的效果。

玻璃钢的密度只有钢的25%左右，可是拉伸强度却接近甚至超过碳素钢，而比强度则可以与高级合金钢相比。玻璃钢不仅强度高、质量轻、绝缘性能好，而且耐腐蚀、抗冲击性强，已被广泛应用于飞机、汽车、轮船、建筑、石油化工设备和家具等行业。如图6-36所示是用玻璃钢制成的化工存储罐，可用来存储各种酸、碱及有机溶剂。

图6-36　玻璃钢存储罐

烈火金刚 —— 碳纤维复合材料

碳纤维是主要由碳元素组成的一种特种纤维，其含碳量随种类不同而异，一般在90%以上。碳纤维具有耐高温、质轻、硬度大和强度高等特点，在国防领域有十分重要的应用。

碳纤维制备过程大致是将有机纤维（如聚丙烯腈纤维）在200~300℃的空气中加热使其氧化，再在1000~2000℃的高纯度氮气气氛中高温炭化，将氮、氢、氧等非碳原子变成气态成分除去，所剩下的就是碳纤维了。对碳纤维在 2000~3000℃ 的温度下在氩气中进一步石墨化处理，可以获得更高性能的碳纤维或石墨纤维。如图 6-37 所示是高倍放大的碳纤维照片。

——30 μm——　图 6-37　碳纤维的电子扫描显微镜照片

碳纤维可编织成碳布或碳毡，它与金属、塑料、陶瓷及碳材料都能构成复合材料。

碳纤维增强铝复合材料具有耐高温、耐热疲劳、耐紫外线和耐潮湿等性能，适合作飞机的结构材料。

碳纤维增强塑料的密度只有钢的 1/4 ~ 1/3，但强度能达到钢的 3~5 倍，可用于导弹武器的承力结构，如发动机壳体、弹体整流罩、复合支架、仪器舱、诱饵舱和发射筒等。用碳纤维增强塑料制造飞机的结构件，同铝合金相比，减重效果可达 40%，体现出巨大的节能效益。

火箭、导弹等飞行器在高速飞行过程中，由于受到空气摩擦以及启动加热的影响，飞行器的鼻锥、发动机喷管等部位将受到超过 3000℃ 高温的冲刷，一般的材料早已被熔化，而用碳纤维和高温热解碳材料构成的碳／碳复合材料却可以耐受如此高温。这是因为碳纤维和热解碳本身就是在极高温下制备得到的材料，所以碳／碳复合材料并不怕高温，表现出良好的烧蚀性能，且结构稳定，整体外形保持良好。

　　鉴于碳纤维复合材料具有一系列优异性能，它在航空航天、人造卫星、导弹、原子能及一般工业部门中都得到了日益广泛的应用，成为重要的高技术战略材料。

7 生活中的化学

　　随着化学的发展，它就像大树一样开枝散叶，形成了许许多多的分支门类，这些分支门类已经渗入我们生活中的方方面面，成为我们生活中不可缺少的一部分。

　　麻雀虽小，五脏俱全。每一个小小的化学门类都有大量的专业人员在研究与开发，也有自成一体的知识体系。了解生活中的化学常识与化学现象，既可以提高科学素养，增加生活的乐趣；也能对化学的发展有更深入的了解，使我们成为生活中的化学达人。

绚丽的宝石

什么是宝石？

　　所谓宝石，就是宝贵的石头，是自然界中出产的可琢磨成工艺品的矿物晶体。作为宝石，必须要具备3大特征——美丽、耐久、稀少。

色彩瑰丽是宝石的首要条件。例如，钻石虽然是无色的，但它晶莹透明，能反射出五光十色、光怪陆离的彩色光芒；红宝石、蓝宝石、祖母绿及翡翠等宝石都具有纯正而鲜艳的色彩；月光石表面会呈现出一种类似于朦胧月光的特殊光学效应，并因此而得名；海蓝宝石晶莹剔透，如海水般湛蓝，让人赏心悦目，自然会被人们喜欢。这些都是宝石美丽属性的体现。

历久弥新是宝石的另一个重要特征。绝大多数宝石能够抵抗外力破坏和化学侵蚀，能长久保存。宝石的耐久性在很大程度上取决于宝石的硬度与韧性。通常莫氏硬度高于 7 的宝石耐摩擦、刻划，耐久性强。中国的和田玉，硬度虽为 6.5 左右，但其内部晶体纤维的交织状结构使其具有非常高的韧性，因而也能长期保存。

物以稀为贵，宝石的这一属性在很大程度上决定了其价值。例如，钻石和水晶同样晶莹剔透、色彩绚丽，但钻石十分昂贵，因为它非常稀少，而水晶由于产量大，只能算作中低档宝石。

宝石的化学组成

从晶体化学的角度，宝石矿物可划分为自然元素类、氧化物类和含氧盐类 3 大类别。

（1）自然元素类宝石为元素单质的独立呈现，目前只发现一种，这就是钻石。钻石是世界上最坚硬的宝石，是由碳元素组成的天然晶体。

（2）氧化物类宝石有简单氧化物和复杂氧化物两种。属于简单氧化物的宝石有刚玉族矿物（Al_2O_3）中的红宝石、蓝宝石等，以及石英族矿物（SiO_2 或 $SiO_2 \cdot nH_2O$）中的紫晶、黄晶、水晶、烟晶、玉髓等，还有金红石（TiO_2）等。属于复杂氧化物的宝石矿物有尖晶石（$MgAl_2O_4$）、金绿宝石（$BeAl_2O_4$）等。图 7-1 展示了纯净的刚玉的晶体结构。

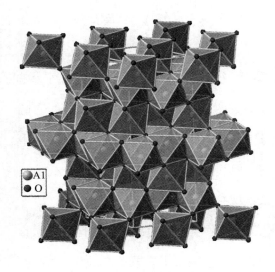

图 7-1　刚玉（α-Al_2O_3）晶体结构的配位多面体堆积图（氧离子作六方最密堆积，铝离子填充在两层氧离子之间，占据了氧离子构成的八面体空隙的 2/3）

（3）含氧盐类宝石中以硅酸盐为主，硅酸盐类宝石约占宝石矿物的一半，如锆石（$ZrSiO_4$）、黄玉〔$Al_2SiO_4(F/OH)_2$〕、绿柱石（$Be_3Al_2Si_6O_{18}$）、翡翠、月光石等。此外，还有少数品种属于磷酸盐、硼酸盐或碳酸盐，如绿松石〔$CuAl_6(PO_4)_4(OH)_8 \cdot 5H_2O$〕、碧玺〔$NaMg_3Al_6(Si_6O_{18})$-$(BO_3)_3(OH)_4$〕等。

宝石颜色的来源

宝石因瑰丽多彩而受到人们的喜爱。红、橙、黄、绿、青、蓝、紫，这些光对应着不同波长的光子，能被我们看见，统称为可见光。自然光中包含了所有这些颜色的光，呈现的是复合后的白光。而绝大多数宝石可以对不同波长的可见光进行选择性吸收，于是就产生了颜色：被吸收的光我们就看不到了，被反射和透射的光才会被看到。

能导致宝石对自然光进行选择性吸收的原因在于其组成中含有某些致色元素，最主要的致色元素为钛、钒、铬、锰、铁、钴、镍、铜及某些稀土元素。

如果致色元素是宝石的主要组成元素，那么这种宝石可称为自色宝石。例如，橄榄石呈黄绿色，是由其主要成分中的铁元素致色；蓝色绿松石的天蓝色和孔雀石的绿色都是由其主要成分中的铜元素致色。

如果纯净时透明，含有微量杂质时呈现颜色，这种宝石称为他色宝石。

例如，纯净的刚玉（Al_2O_3）是透明的，但含微量铬杂质时，部分 Al^{3+} 被 Cr^{3+} 所取代，导致大部分光被吸收，只有红光和少许蓝光透过，于是就呈现出玫瑰红色调，称为红宝石；当含微量钛、铁杂质时，Al^{3+} 被 Ti^{4+} 和 Fe^{2+} 所取代，呈现出漂亮的蓝色，称为蓝宝石，钛、铁含量越高则蓝宝石的蓝色越深，反之越浅。

再如纯净的绿柱石（$3BeO \cdot Al_2O_3 \cdot 6SiO_2$）也是透明的，但含微量铬杂质时变为绿色，称为祖母绿；含微量铁时变为蓝色，称为海蓝宝石；含微量锰时变为红色，称为红色绿柱石；还有粉红色、金黄色等颜色，都是含不同微量元素所致。

人造宝石

了解了宝石的成分以后，人们就开始探索人工合成宝石的方法。早在 1900 年，科学家们就曾用 Al_2O_3 熔融后加入少量 Cr_2O_3 的方法进行晶体生长，制出了红宝石。现在，人们已经能制造出大到 10 g 的红宝石和蓝宝石。

除了在熔体中结晶的方法，还可以在溶液中结晶。例如，在高温高压反应釜中，以 SiO_2、Al_2O_3、BeO 等物质为原料，注满含矿化剂的水，在 1000 个大气压和 600℃ 的条件下，可以合成祖母绿。

钻石可能是最难合成的宝石了，早在 18 世纪人们就开始了合成钻石的探索，但直到 20 世纪，随着高温高压技术的发展，钻石的合成才得以实现。钻石和石墨都是由碳元素组成，因此，在高温高压下可以使石墨转化成钻石。工业用钻石可在近 60 000 个大气压和 1500℃ 左右的高温下，通过催化剂的作用由石墨转化得到（见图 7-2）。宝石级钻石的合成更复杂，需要加入钻石粉作为晶种，使用特定的催化剂，对温度和压力进行复杂的控制，才能在晶种上生长出更大的钻石来。

图 7-2　人造金刚石（因含少量杂质而呈黄绿色）

现在，人们又发明了一种化学气相沉积方法来制造钻石，相较于高温高压法，它的优势在于不需要高压条件。中国科学院宁波材料所开发出一种金刚石微波等离子体沉淀系统，钻石会以 0.007 mm/h 的速度"生长"，一星期就可以长成一颗 1 克拉大小的钻石。具体操作是，在真空室中，用钻石粉作为晶种，注入甲烷气体和氢气，通过微波加热到 800～1000℃。此时，甲烷中的碳原子在微波作用下会分离出来，形成等离子体，逐渐沉积在晶种上，晶种就会不断长大成为可观大小的钻石。这种人造钻石的硬度、纯净度都可以媲美天然钻石，成本却比天然钻石低得多。

化妆品

精细化工产品

化工产品可以分为通用化工产品（或大宗化学品）和精细化工产品（或精细化学品）两大类。通用化工产品用途广泛，生产批量大，如硫酸、乙烯、苯、合成树脂、合成纤维等。精细化工产品是通用化工产品的次级产品，具有商品性强、生产工艺精细、品种多、附加价值高等特点。

精细化工产品种类繁多，目前全球精细化工产品有 10 万种之多。常见的精细化工产品有农药、化学药物、香料、染料、颜料、涂料、油墨、保健食品、食品添加剂、日用化学品、电子用化学品、化妆品、胶黏剂、洗涤剂、润滑剂、表面活性剂、火药与推进剂、功能高分子材料等几十种门类。而且随着科技进步，精细化工品分类将会越来越细。

每一类精细化工产品都有大量的品种，而且新品种还在不断出现。

例如，仅仅是食品添加剂就可分为着色剂、增味剂、甜味剂、乳化剂、抗氧化剂、增稠剂、食品用香料等20多个种类，2000余个品种。再如，化妆品根据基质类型可分为液态水基类、液态油基类、液态有机溶剂类、液态气雾剂类、蜡基类、凝胶类、膏霜乳液类、粉类等8大类，市面上有25 000多个品种。品种多不仅是精细化工生产的一个特征，也是评价精细化工综合水平的一个重要标志。

口红

口红的原料有各样的油脂、蜡、色料和表面活性剂。油脂和蜡是构成口红的基本物料。

油脂是化妆品行业的基础原料，常温呈液态称为油，呈固态称为脂，其作用是浸润皮肤、保湿和成膜等。口红中常用的油脂原料有蓖麻油、橄榄油、羊毛脂、可可脂等。很多口红都含大量的蓖麻油，它可以软化皮肤，干了以后可以在唇上形成硬而发亮的膜。

蜡的作用是使口红成型和使用方便。常用的蜡原料有蜂蜡、巴西棕榈蜡、纯地蜡、鲸蜡、石蜡、凡士林等。蜂蜡是从蜜蜂的蜂房中得到的，巴西棕榈蜡是从巴西棕榈树的叶子中提取出来的，羊毛脂是由绵羊腺体分泌出的一种附着在羊毛上的油脂。

口红的颜色由色料决定。色料包括可溶性染料和不溶性颜料两种。溴酸红是常见的可溶性染料，包括四溴荧光素（红色）、二溴荧光素（橙黄色）、四溴四氯荧光素（绿红色）等，它们不溶于水，但能溶于蓖麻油等油脂中。不溶性颜料是极细的粉粒，包括有机颜料（如胭脂虫红、紫色素等）和无机颜料（如氧化钛、氧化铁等）。红色较艳的口红，成分中可能有从寄生在仙人掌上的干胭脂虫中提取的胭脂虫红。将白色氧化钛和不同深浅的红色混合，就得到粉红色。在口红的色调渐趋鲜艳的过程中，人们又发明了珠光颜料。例如，在云母粉末颗粒上包覆一层二氧化钛，覆盖的二氧化钛厚度不同，对光的折射和反射性质就不同，便显示出自银白色到金黄色不等的珠光色泽。

表面活性剂在口红中起分散、润湿和渗透作用。常用的表面活性剂有卵磷脂、甘油脂肪酸酯、蔗糖脂肪酸酯和失水山梨醇脂肪酸酯等。

制作口红像制作蜡笔一样简单，把原料在熔化锅中加热到85℃左右熔化，在真空脱气锅内保温搅拌并脱去气泡，倒入金属模具中固化和冷却即可。把成型的口红快速（约半秒）通过火焰，就形成了外观光滑闪亮的成品。

经常使用口红的人，要警惕"口红病"，如出现嘴唇干裂、肿胀、发痒、疼痛、唇色变暗等症状，劣质口红还可能会引起中毒或癌变。

染发剂

每个人对头发都最熟悉不过，可是你知道吗，头发虽然很细，它竟然还可以分成3层。最外层是表皮鳞片层，通常是半透明或无色的；然后是皮质层，这一层占头发的80%，主要成分是蛋白质，自然色素沉积在此，发色便因它而呈现；中心是髓质层，由许多小气泡组成。

1907年，法国化学家欧仁·舒莱尔（Eugene Schueller）发明了一种"安全"的染发剂，使用的基本原料是对苯二胺，后来他建立了法国无害染发剂公司，这就是欧莱雅公司的前身。实际上对苯二胺对人体是有害的，只是当时人们并不知道。经过上百年的发展，现在市面上已经有各种各样的染发剂，按染色的牢固程度，可分为暂时性、半永久性和永久性染发剂3大类。

暂时性染发剂只需用洗发香波洗涤一次就可去色，一般由水溶性染料组成。常用的染料包括酸性染料、碱性染料、无机或有机颜料、金属颜料等，如酸性黄、食品红、碱性红、溶剂绿、天然红、黄铜粉、钛白粉等。这类染料分子较大，不能通过表皮层进入发干，对发质损伤较小。

半永久性染发剂能耐6～12次洗发香波洗涤，所用的染料分子较小，主要有硝基苯二胺、硝基氨基苯酚、氨基蒽醌等。这类染料可渗入头发表皮层，小部分渗进皮质层，对发质损伤也不是太大。

永久性染发剂的作用机理和前两种有所不同，它并不是染头发外层，而是在头发内部皮质层中通过化学反应生成染料分子，从而改变发质颜色。因此，这种染发剂的原料实际上并不是染料分子本身，而是反应物。在染发时，先用氨水将头发溶胀，然后让反应物小分子（如对苯二胺、邻苯二胺、间苯二酚等）渗入皮质层，在氧化剂（如双氧水）作用下发生氧化缩合反应，从而在头发内部生成大的染料分子，大分子无法穿过头发的表皮层，于是就被禁锢在头发内部，因此难以洗掉（见图7-3）。

永久性染发剂不但损伤发质，而且其常用原料对苯二胺是公认的致癌物。头皮是人体毛囊密集部位，染发过程中对苯二胺很容易透过毛囊，经头皮吸收进入毛细血管，然后随血液循环到达骨髓，如果经常染发，对苯二胺与造血干细胞长期反复作用可能诱发白血病。

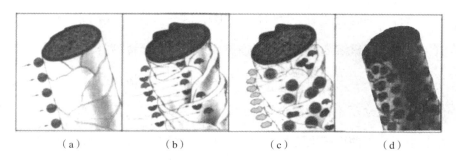

图 7-3　永久性染发剂的作用机理
（a）染料前体小分子；（b）渗入溶胀头发内部；（c）在头发内生成大分子；
（d）染料大分子被固定在头发内

指甲油

指甲油是一种指甲涂料，它采用高分子树脂为成膜物质，辅以颜料、增塑剂、溶剂等制成。

市面上常见的指甲油是溶剂型指甲油，就是把成膜剂溶解在易挥发的有机溶剂中，涂抹后有机溶剂挥发，就在指甲上留下了漆膜。

现在应用最广泛的成膜剂是硝化纤维素，它作为指甲油的主要成分是受汽车涂料的启发。含硝化纤维素的涂料 20 世纪 20 年代就普遍用在汽车上了，之后才出现了类似成分的指甲油。硝化纤维素能在指甲表面产生黏着性好的光亮、韧性硬膜，涂膜快干、透明，有良好可涂刷性，成本较低。但硝化纤维素膜很脆，所以需要使用增塑剂来增加成膜的柔韧性。

指甲油中溶剂的作用是溶解硝化纤维素、树脂和增塑剂，调节黏度使其易于涂刷，涂刷后溶剂以适当的速度挥发掉。常见的溶剂有乙酸乙酯、乙酸丁酯、异丙醇、甲苯等，通常都是多种溶剂复配使用。

涂指甲油时会闻到一股刺鼻的气味，这是因为有机溶剂挥发到了空气中。吸入有机溶剂会刺激呼吸道黏膜，损害肝、肾等器官。另外，苯系溶剂和邻苯二甲酸酯类增塑剂都是致癌物，所以溶剂型指甲油易对人体健康造成众多不良影响。鉴于此，研究人员致力于研发水基指甲油。水基指甲油不使用有机溶剂，而是用水作为溶剂，并使用水溶性的成膜剂来代替硝化纤维素。水基指甲油虽然对人体的损害大大减小，但是存在涂层较软、耐水性较差、易脱落等缺点，因此多作为一次性指甲油来使用。

日用化学品

表面化学与表面张力

"相"是指物理和化学性质完全相同的物质聚集状态，气相、液相和固相是最常见的 3 种相。两相之间存在一个交界面，通常把液相或固相与气体接触的相界面（液-气、固-气）称为表面。在原子或分子水平上研究表面化学过程的化学分支叫表面化学。

液体与空气接触时，液体表面分子和内部分子的受力环境是不同的（见图 7-4）。在液体内部的分子，包围它的其他分子对它的吸引力是相等的，彼此互相抵消，合力为零。但表面分子则不同，它周围既有液体分子也有气体分子，液体分子对它的吸引力大于气体分子，于是表面分子就受到一种向内的拉力，导致液面如同紧张的橡皮膜一样有自动缩小的趋势，这种收缩力就是表面张力。凝聚在树叶上的露珠呈球形，往玻璃杯注水可以直到水的表面微微隆起而不溢出去，这都是表面张力所致。

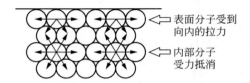

图7-4 表面张力形成的原因

表面张力是表面层中大量分子间相互作用力的一种宏观表现，因此它的方向并不是指向液体内部。研究表明，表面张力的方向总是和液面相切的。如果液面是水平的，表面张力的方向也是水平的；如果液面是弯曲的，那么表面张力的方向就是这个曲面的切线方向。

读者可以做一个小实验，将一枚回形针掰成直角做一个支架，把另一枚回形针放在这个支架上（见图7-5），慢慢地放到水面上，然后再把支架轻轻拿开，回形针就稳稳地浮在水面上了，这靠的就是表面张力的作用。此时如果在一半水面滴一滴洗洁精，回形针就会向另一半水面漂去。这是由于洗洁精降低了这边水的表面张力，相对而言，另一边的表面张力就要大些，所以回形针就被拉向另一边。

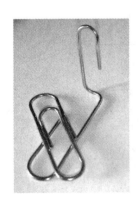

图7-5 表面张力小实验示意图

肥皂与表面活性剂

还是上面那个小实验，读者可以试一试，如果是一盆肥皂水，即使再小心地放，回形针也难以浮起，为什么呢？原来，肥皂是一种表面活性剂，能大大降低水的表面张力，所以回形针浮不住了。

表面活性剂是一种能显著降低液体表面张力的有机化合物。它具有特殊的分子结构，分子的一端有亲水性和憎油性，易溶于水而难溶于油，一般是一些极性基团（如—OH、—COOH 等）；另一端有憎水性和亲油性，难溶于水而易溶于油，一般由非极性的碳氢长链构成。人们把这种一端亲水、一端亲油的长链分子称为"两亲分子"。

肥皂的主要成分就是一种两亲分子：脂肪酸钠（RCOONa），其中 R 为 $C_8 \sim C_{22}$ 碳氢长链（常用 $C_{12} \sim C_{18}$），这是一类白色或浅黄色片状或粉末状固体。碳氢链越长，憎水性越强，表面活性也越大。所以肥皂中碳氢长链的碳原子数都在 8 以上，但最大到 22 左右，因为碳氢链过长就变得完全不溶于水，从而失去表面活性作用。以硬脂酸钠（$C_{17}H_{35}COONa$）为例，当它溶于水后，电离成 $C_{17}H_{35}COO^-$ 与 Na^+，Na^+ 不起表面活性作用，起作用的是 $C_{17}H_{35}COO^-$，其结构式如下：

$$CH_3—CH_2—CH_2—CH_2—CH_2—CH_2—CH_2—CH_2—CH_2—CH_2—CH_2—CH_2—CH_2—CH_2—CH_2—CH_2—CH_2 \bigcirc\!\!\!{}^{O}_{C}\!\!{}^{O}\ Na^+$$

亲油基　　　　　　　　　　　　　　　　　　　亲水基

在洗涤过程中，污垢中的油脂与肥皂接触后，亲油基就插到油污内，而亲水基则伸在油污外面，插入水中。这样油污就被肥皂分子包围起来，再经过搓洗，被肥皂分子包住的小油珠就会脱离织物表面，随水漂洗而去除（见图 7-6）。洗涤过程中出现泡沫，也是由于气泡被肥皂分子围住而形成，泡沫能增加肥皂液的表面积，有助于除污。但是，洗涤过程中并不是肥皂擦得越多越好，因为浓度太大时肥皂分子会聚集成胶团，不但对去污起不到太大作用，反而会给漂洗带来不必要的麻烦。

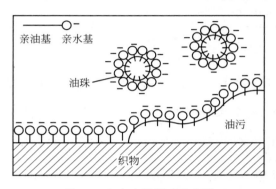

图 7-6　肥皂去污原理示意图

　　肥皂虽然能洗掉油脂，但令人想不到的是，做肥皂的原料竟然就是油脂（如牛羊油、植物油等）。将油脂与氢氧化钠加热反应，会生成甘油和肥皂混合物，再加入食盐水，甘油会溶解到盐水中，同时肥皂会析出在盐水表面，最后将甘油水和肥皂分离即可。有条件的读者可以通过下面的小实验来自己动手做肥皂。

　　量取 10 mL 植物油、7 mL 酒精、15 mL 20%NaOH 水溶液，依次加入带搅拌装置的 100 mL 圆底烧瓶中，水浴温度控制在 70℃。反应至混合物变为糊状，停止加热，向反应液中加入 15 mL 热的饱和 NaCl 溶液并充分搅拌。静置，冷却，将所得混合物用布氏漏斗抽滤、洗涤，滤出的固体放入烧杯，加入 0.1 g 松香，搅拌，倒入硅胶模具中冷却固化成型，肥皂就做出来了。

洗衣粉

洗涤剂的活性组分和肥皂一样，也是表面活性剂，洗衣粉中最常用的表面活性剂是十二烷基苯磺酸钠，其结构式如下：

$$CH_3—CH_2—CH_2—CH_2—CH_2—CH_2—CH_2—CH_2—CH_2—CH_2—CH_2—CH_2— \bigcirc —S—O^- \quad Na^+$$

亲油基   亲水基

除了表面活性剂外，洗衣粉中还要加各种助洗剂。助洗剂可以增加去污力，提高洗涤效果。20 世纪 50 年代以来，通用洗衣粉的配方基本定型，其表面活性物含量一般为 20%～30%，以烷基苯磺酸钠为主；助洗剂一般为 30%～80%，主要有三聚磷酸钠（$Na_5P_3O_{10}$）、Na_2CO_3、硅酸钠（$Na_2O \cdot nSiO_2$）、Na_2SO_4 等。

$Na_5P_3O_{10}$ 是一种重要的助洗剂，它在洗衣粉中的含量很高。$Na_5P_3O_{10}$ 的外观为白色粉末，能溶于水，水溶液呈碱性，它对金属离子有很好的络合能力，不仅能软化硬水，还能络合污垢中的金属成分，在洗涤过程中起到使污垢解体的作用，从而提高洗涤效果。另外，$Na_5P_3O_{10}$ 配伍在洗衣粉中，能防止产品结块，使产品呈干爽的颗粒状，这对于洗衣粉的造型很重要。但是，$Na_5P_3O_{10}$ 也有缺点，含 P 污水排放以后，会导致河流湖泊的水质恶化，因此洗衣粉的低磷或无磷化是大趋势。$Na_5P_3O_{10}$ 的替代品有人造沸石（也叫分子筛，是一种铝硅酸盐结晶物）、层状硅酸盐、有机螯合物（如乙二胺四乙酸钠）等。

洗发香波

洗发用的洗涤剂俗称香波，是英文商品"Shampoo"的译音。香波有液态、乳状、胶状等产品。

香波的主要成分也是表面活性剂，它为香波提供了良好的去污力和丰富的泡沫。香波中应用最广泛的表面活性剂是月桂醇聚醚硫酸酯钠，根据型号不同，其状态可以是白色或浅黄色凝胶状膏体，也可以是无色或浅黄色液体。其结构式如下：

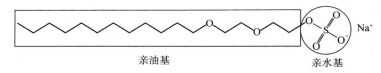

亲油基　　　　　　　　　　　　　　　　亲水基

现代香波兼具洗涤和化妆效果，不但可以去除油垢、头屑，而且使洗后的头发光滑、柔软，易于梳理。为使香波具有这些功能，需要加入各种添加剂，如调理剂、稳泡剂、增稠剂、去头屑剂、滋润剂、珠光剂、澄清剂、酸化剂、螯合剂、防腐剂、色素、香精等。

牙膏

牙膏的基本成分有摩擦剂、发泡剂（表面活性剂）、保湿剂、增稠剂、香精、水及功效型添加剂等。

摩擦剂是一种细微的粉体，颗粒直径多在 10~20 μm，它是牙膏的主体原料，作用是擦去牙垢和牙渍。常用的摩擦剂有碳酸钙、二氧化硅、磷酸氢钙、焦磷酸钙、氢氧化铝等。近年来还出现了小苏打、天然沸石、植物纤维等新型摩擦剂。

牙膏常用的表面活性剂有十二烷基硫酸钠、月桂醇硫酸酯钠、月桂酰肌氨酸钠等，它们用来增加牙膏的发泡和清洁能力。保湿剂可以防止牙膏在软管中固化变硬，常用的有山梨糖醇、甘油、聚乙二醇、丙二醇等。

牙膏里经常添加一些功效型添加剂，含氟牙膏就是一个重要品种。含氟牙膏在膏体中加入了水溶性氟化物，常用氟化钠、氟化亚锡、单氟磷酸钠等，含量为 0.1%～0.4%。氟离子被牙齿表面吸收后，能增强表面的珐琅质，提高牙齿的抗酸能力，从而起到防治龋齿的功效。不过，6 岁以下儿童不宜使用含氟牙膏，因为儿童容易吞咽牙膏，过量的氟不但会造成牙齿单薄，还会降低骨头的硬度，所以要慎用。

化学药物

树皮里的抗疟药 —— 奎宁

人生病了就要吃药，我们都知道药物分为中药和西药两大类。如果再细分一下，药物可以分为化学药物（俗称西药）、中成药和中草药 3 大类。这 3 类药物有何区别呢？我们通过下面的例子来看一看。

奎宁（Quinine）是一种抗疟疾的西药，俗称金鸡纳霜，具有强烈的杀死疟疾原虫裂殖体的作用。当初人们是怎么得到奎宁这种药的呢？原来，它是从金鸡纳树（见图 7-7）的树皮中提取出来的。将金鸡纳树的树皮去杂、干燥、粉碎后与碱石灰混合均匀，再用石油醚反复抽提，提取液澄清后加入稀硫酸萃取，酸层浓缩结晶后得到硫酸奎宁这种化学物质，便可以制药了。

图 7-7　金鸡纳树

　　由此可见，化学药物（西药）就是用化学物质作为疗效组分的药物。那么什么是中药呢？还是以金鸡纳霜为例，如果患者直接用金鸡纳树树皮作药，就属于中草药。如将树皮熬成水，做成水剂或浓缩成膏剂，而且每一剂都用相同数量的树皮熬制，那这种剂型就被称为中成药。

　　金鸡纳树生长于秘鲁安第斯山脉的山坡上，印加帝国（现在的秘鲁）原住民发现它能用来治疗疟疾。他们将树皮剥下，晾干后研成粉末，熬成汤药服用。后来秘鲁沦为西班牙的殖民地，1630 年前后，西班牙人得知了这一秘密，就将这种树皮带回欧洲治病，后来又在印度尼西亚大面积种植，将树皮提炼成金鸡纳霜供患者服用。1820 年，两位法国化学家从金鸡纳树树皮中提取出了纯品有效成分，起名为"奎宁"，从此，这种化学药物正式问世。1854 年，奎宁的分子式被确认。1944 年，美国化学家罗伯特·伯恩斯·伍德沃德（Robert Burns Woodward）通过化学方法人工合成了奎宁，从而结束了从树皮中提取的历史，这一成就也成为现代有机合成的里程碑。

所以说，西药和中药并不是对立的。就拿奎宁来说，如果没有金鸡纳树皮这种"秘鲁中药"，奎宁恐怕是发现不了的。

柳树中发现的药物 —— 阿司匹林

阿司匹林（Aspirin）具有解热、镇痛、抗炎等作用，是应用最早、最广的解热镇痛药和抗风湿药。

阿司匹林的历史可以追溯到古代民间医药，古代中国、两河流域、埃及以及西方国家都有把柳树皮入药的记录，人们用柳树皮、柳树叶来减轻风湿和其他疼痛。

1828年，德国化学家成功从柳树的树皮中提取到一种淡黄色的晶体，这就是水杨苷。其后，意大利化学家发现水杨苷被人体消化后在体内代谢为水杨酸。然后法国的化学家对提纯方案进行了改进，从柳树皮中直接提取到了水杨酸。

尽管水杨酸是有效的关节炎止痛药，但是它会损伤胃内壁，导致严重的胃痛。后来，德国拜耳公司将它改造成乙酰水杨酸（用水杨酸与醋酐反应合成），副作用大大减小，此后才获得了广泛的医学应用。如图7-8所示为水杨苷、水杨酸和乙酰水杨酸的结构式。1900年，拜耳公司申请了乙酰水杨酸的专利，商品名"阿司匹林"。

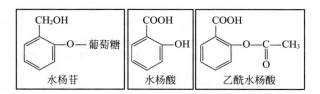

图7-8 水杨苷、水杨酸和乙酰水杨酸的分子结构式

阿司匹林应用百余年来一直经久不衰，近年来，随着对其药理作用的不断深入研究，又发现许多临床新用途，如防治血栓栓塞性疾病、防治糖尿病，甚至还有抗肿瘤作用。

染料中发现的抗菌药 —— 磺胺

奎宁最初只能从金鸡纳树中提取，产量有限，因此，科学家们一直在尝试奎宁的化学合成。1856年，英国科学家威廉·亨利·珀金（William Henry Perkin）在进行奎宁的合成试验时，误打误撞地制出了苯胺紫。他发现这种紫色物质虽然不是奎宁，但却可以用来做染料。这是世界上第一种人工合成染料，它克服了天然染料易褪色以及成本高昂的缺陷，很快就普及开来，并带动了合成染料工业的发展。

珀金虽然没有合成出奎宁，却让人们觉得化学药物和染料之间似乎有一些神秘的联系。1907年，德国药物学家保罗·埃尔利希（Paul Ehrlich）发现一种染料"阿托克西尔"能杀死鼠体内的锥虫。此后他在此基础上开展了一系列的药物合成工作。

1932年，德国生物化学家格哈德·多马克（Gehard Domagk）在试验中发现，一种名为"百浪多息"的红色染料，对于感染溶血性链球菌的小白鼠具有很高的疗效。正在他打算找一所医院做人体给药试验时，一次突发事故加快了他的进程。他的小女儿因普通的手指伤口感染而不幸得了链球菌败血病，面对生命垂危的女儿，多马克心急如焚，他也顾不上许多了，试验性地给女儿注射了"百浪多息"，幸运的是，两天后女儿竟奇迹般地好转过来，最后完全康复。当然，付出的代价是，她女儿的皮肤被染成了红色。

很快,"百浪多息"就得到了临床应用。但是,令当时的研究者奇怪的是,"百浪多息"只有在人体内才能杀死链球菌,而在试管内则不能。1935年,法国研究人员终于找到了原因。原来,"百浪多息"在人体内受肝脏酶的代谢,生成一种叫磺胺的物质,因此产生了疗效。不久以后,法国就研发出第一种磺胺类药物。

磺胺的名字很快在医药界传播开来,进一步的结构修饰和改造促成了20多种磺胺类抗菌药上市,它们的合成路线对药物化学的发展起了重要的指引作用。

霉菌中发现的抗生素 —— 青霉素

化学药物都具有明确的化学结构,但是,化学药物并不仅仅是通过化学反应合成的药物,很多化学药物都是从天然产物(植物、动物、微生物)中发现和纯化出来的,只是研究清楚药物的化学结构后,就进入了"化学"的层面。例如,人类历史上第一个抗生素——青霉素(Penicillin,音译盘尼西林),其发现就是起源于一种微生物——青霉菌。

1928年,英国伦敦圣玛丽医学院的细菌学家亚历山大·弗莱明(Alexander Fleming)正在寻找抗感染的有效方法。有一种在显微镜下看起来像一串串葡萄一样的葡萄球菌,能够使伤口感染化脓,弗莱明试验了各种药剂,力图找到能杀死它的药品,但一直没能成功。有一天,弗莱明发现一个培养皿里的培养基发了霉,长出一团青色的霉斑——青霉菌。经过仔细观察,他惊奇地发现,在青色霉菌斑的周围,有一小圈空白的区域，难道是这种青霉菌的分泌物把葡萄球菌杀灭了吗？想到这里，他赶紧用显微镜观察，结果发现，青霉菌附近的葡萄球菌已经全部死去。

弗莱明立即决定，对青霉菌进行培养。他用了两个星期的时间，将这种青色霉菌分离出来，培养出足够的量。他发现，这种霉菌可以分泌出一种杀死细菌的物质，于是将这种物质命名为"青霉素"。通过实验，弗莱明发现青霉素可以轻而易举地摧毁所有的常见致命细菌——葡萄球菌、链状球菌、肺炎球菌，甚至可以摧毁最顽强的白喉杆菌。1929 年，他向世界宣布了自己的发现，这是当时人类发现的最强力的杀菌物质。

1942 年，英国科学家破解了青霉素的分子结构。1943 年，美国实现了青霉素的工业化生产。从此，人类对致命的病菌不再束手无策。同时，科学家们还开始了鉴定其他抗生素的筛选程序，链霉素就是在此阶段得到的，它于 1944 年首次从灰色链霉菌中分离得到。

自青霉素开始，人类已经分离并确定了超过 10 000 种抗生素。抗生素是微生物的次级代谢产物，在低浓度下可抑制其他微生物的生长。抗生素已经成为种类最多，对人类健康产生影响最大的药物家族。

目前市场上有超过 100 种的抗生素，按照化学结构的相似性进行分类，可以分为 β - 内酰胺类、四环素类、安沙霉素类、大环内酯类、氨基糖苷类、肽类 / 糖肽类等。其中，β - 内酰胺类抗生素包括最著名的青霉素和头孢菌素，它们都具有一个 β - 内酰胺环结构（见图 7-9），通过抑制肽聚糖（菌细胞壁的重要构成成分）的合成发挥杀菌活性。

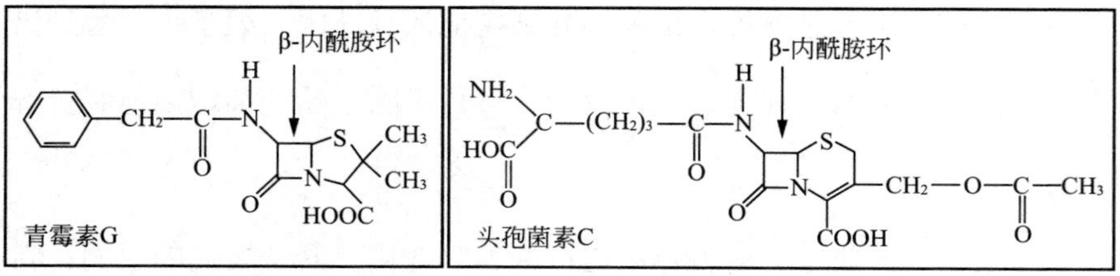

图 7-9　β - 内酰胺类抗生素 —— 青霉素 G 和头孢菌素 C 的分子结构

现代制药工业的历史

现代制药工业的第一个阶段要追溯到 19 世纪初期。那时西方医学界开始通过化学的手段从传统的药用植物中分离得到其中的有效成分，如那可丁（1803 年，罂粟）、吗啡（1805 年，罂粟）、吐根碱（1817 年，吐根树）、番木鳖碱（1818 年，马钱子）、奎宁（1820 年，金鸡纳树）、水杨苷（1828 年，柳树）、可卡因（1855 年，古柯树）、毒扁豆碱（1867 年，毒扁豆）、强心苷（1874 年，洋地黄）等。

随着有机化学对药物有效成分的结构阐明及结构改造，以及随着生物学尤其是阐明许多疾病原因的微生物学的发展，到 19 世纪末，开始出现一系列可以工业化生产的化学合成药物，如解热镇痛药（阿司匹林、非那西丁等）、催眠药（水合氯醛等）、血管扩张药（硝酸甘油等）等，并且出现了诸如德国拜耳等大的制药 / 化学公司。

尽管有这些早期进展，但直到 20 世纪 30 年代，制药业才开始真正发展起来。这一时期里程碑式的发现就是磺胺类药物的发现与合成。此外，尽管胰岛素（从动物的胰腺抽提液中发现）首次用于治疗是在 20 世纪 20 年代，但是到 30 年代才开始规模化工业生产。

20世纪40年代，青霉素的大规模生产，使制药工业进一步发展壮大，许多知名的制药公司就是在这个时期成立的。随后，引领药物合成的有机合成也进入了空前辉煌的时期，领军人物是美国化学家伍德沃德，他通过人工合成了一系列结构极其复杂的天然产物，如奎宁（1944年）、利血平（1956年）、叶绿素（1960年）、四环素（1962年）、维生素 B_{12}（1976年）等，他也因此获得1965年的诺贝尔化学奖。

1967年，美国化学家艾里亚斯·詹姆斯·科里（Elias James Corey）提出了复杂有机物的逆合成分析法。他从目标分子出发，根据其结构特征进行逆向逻辑分析，逐步将其拆解为更简单、更容易合成的前体和原料，从而完成合成路线的设计。科里等人运用这种方法在天然产物的全合成中取得了重大成就，如银杏内酯、红霉素、前列腺素等的合成，他也因此荣获1990年诺贝尔化学奖。如果说伍德沃德将有机合成作为一种艺术展现在世人面前，那么科里则是将其从艺术转变为科学的关键人物。从此人类进入了化学合成药物的黄金时代。

与此同时，生物医学研究进一步拓展了人类对处于健康和疾病状态的分子机制的了解。20世纪50年代以来，查明了许多人体内自然产生的蛋白质具有明显的治疗用途，但是由于它们在体内含量极微，所以限制了广泛的医疗应用。70年代以后，重组DNA技术（遗传工程）和单克隆抗体技术的出现克服了上述难题，同时也标志着药学科学新纪元的开始。基因组学通过直接检测基因序列，建立了基因序列差异与药物效应的关联，使人类研究靶向药物成为可能。这一阶段出现了大量的生物制药公司。到80年代，制药工业的资产规模已达千亿美元。

制药工业界的一本著名出版物叫《马丁代尔大药典》(*Martindale: the extra pharmacopoeia*)，可谓是一本药品"数据库"。该书第 1 版出版于 1883 年，2011 年已经出到第 37 版，收录了 5900 多篇药物专论、16 万种专利制剂、5000 多种草药制剂和全球 10 000 多家生产厂商的信息。

来源于动物体内的药物

在天然产物中，除了植物和微生物，动物（包括人类自身）也是药物的重要来源，从下面的例子中可见一斑。

胰岛素来源于猪和牛的胰腺组织，可以治疗糖尿病。水蛭素来源于水蛭的唾液腺，具有极强的抗凝血作用和抗血栓形成作用。来源于人脑垂体的人体生长激素可用于生长激素缺乏性侏儒症的治疗。来源于人血液的血液凝集因子可治疗血友病。来源于乙肝病毒携带者血浆的乙肝表面抗原可作为疫苗，对抗乙肝病毒。来源于怀孕妇女尿液的人绒毛膜促性腺激素可治疗不孕不育。从人的尿液中分离出的尿激酶，竟然可以作为对抗血栓的溶栓药使用。

来源于天然产物的药物多数已经可以采用化学合成或重组 DNA 技术生产，但有些药物直到现在还需要从天然产物中提取。

中医药给世界的一份礼物 —— 青蒿素

20 世纪 60 年代，疟原虫对奎宁类药物已经产生了抗药性，严重影响到治疗效果。针对这种状况，世界各国都在致力于寻找新的抗疟药。

1967 年 5 月 23 日，中国政府在北京成立抗疟计划办公室，调动全国 60 多个单位的 500 多名科研人员开展抗疟研究。然而，前期工作并不顺利。1969 年，中医研究院受邀加入该项目，组建了以屠呦呦为首的研究团队，这一次，终于迎来了突破性的进展。

屠呦呦从整理历代医籍开始，四处走访老中医，耗时 3 个月汇编了以 640 方中药为主的《抗疟单验方集》。经过反复筛选，从 1971 年起，工作重点集中于中药青蒿。古人对青蒿的分类并没有现代植物学这么细致，沈括在《梦溪笔谈》中明确谈到青蒿有不同品种："蒿之类至多，如青蒿一类自有两种，有黄色者、有青色者，《本草》谓之'青蒿'，亦恐有别也。"研究团队经文献考证和实地调查，发现各地入药的青蒿品种有黄花蒿、青蒿、茵陈蒿、猪毛蒿、牡蒿、南牡蒿等。后续深入研究发现，仅黄花蒿中含有青蒿素，抗疟有效。

在研究初期，屠呦呦发现青蒿的抗疟效果并不稳定，在重温典籍后，她发现东晋葛洪《肘后备急方》中有"青蒿一握，以水二升渍，绞取汁，尽服之"的记载。这一记载并没有采用通常的水煎熬制，这使她意识到青蒿素的提取过程可能需要避免高温，由此发明了用低沸点溶剂乙醚进行低温提取的方法，这一方法成为提取青蒿素的关键。1971 年 10 月，青蒿乙醚中性提取物的药效评价显示，抑制率达到 100%，至此，新的抗疟药终于研制成功。1972 年，屠呦呦等人将提取出的抗疟有效单体化合物命名为"青蒿素"，并确定其分子式为 $C_{15}H_{22}O_5$。1974 年，在中国科学院上海有机化学所和生物物理所的协助下，研究团队最终确定了青蒿素的结构（见图 7-10）。

青蒿素被发现后，经进一步研究，发现其衍生物双氢青蒿素、蒿甲醚、青蒿琥酯、蒿乙醚等具有更好的药效。这些青蒿素类药物能迅速消

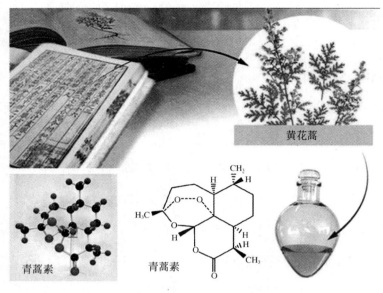

图 7-10 青蒿素的化学结构式

灭人体内疟原虫，对恶性疟疾有很好的治疗效果，仅在非洲，青蒿素就拯救了数百万人的生命。

2015 年，屠呦呦荣获诺贝尔生理学或医学奖，在瑞典卡罗林斯卡学院，她发表了题为《青蒿素——中医药给世界的一份礼物》的获奖演讲。文中她表达了将中医药发扬光大的心声："通过抗疟药青蒿素的研究经历，深感中西医药各有所长，二者有机结合，优势互补，当具有更大的开发潜力和良好的发展前景。"

有趣的是，《诗经·小雅·鹿鸣》中有一句话："呦呦鹿鸣，食野之蒿。我有嘉宾，德音孔昭。"看来，屠呦呦和青蒿还真是有不解之缘呢。

现在，有 100 种以上的药物最初是从植物中分离出来的。例如，近年来发现从白桦树中提取的白桦脂酸在抗癌治疗方面表现出巨大的潜能；从长春花中提取的长春新碱可用于治疗急性淋巴细胞性白血病。地球上的植物物种数量惊人，仅有花植物就超过 26 万种，但目前用于治疗性生物活性分子筛选的还不到 1%。这个潜在的药物资源宝库，还具有广阔的开发前景。

液晶显示屏

液晶的发现

电脑、电视、手机……我们在日常生活中已经离不开液晶屏幕，那么，你知道什么是液晶吗？

1888 年，奥地利植物学家莱尼茨尔（Reinitzer）在加热胆甾醇苯甲酸酯（$C_6H_5COOC_{27}H_{45}$，"甾"音同"栽"，化学结构见图 7-11）晶体时发现，晶体在 145.5℃会熔化成乳白色的黏稠液体（见图 7-12），但直到 178.5℃才会突然变成透明清亮的液体，从熔点到清亮点之间的过渡态高达 33℃。这和普通晶体是完全不同的。例如，加热一块冰，冰是普通晶体，它会在 0℃融化成清亮的水，它不会出现中间过渡态。这一反常现象引起了莱尼茨尔的极大兴趣，在 145.5～178.5℃范围内，这种物质到底是一种什么状态呢？

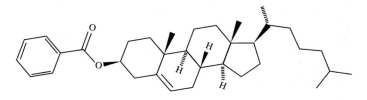

图 7-11　胆甾醇苯甲酸酯的化学结构

图 7-12　乳白色、黏稠状的液晶

　　为了弄清这个难题，莱尼茨尔向德国物理学家莱曼（Lehmann）请教。莱曼经过系统的研究，发现这种白浊状液体能呈现出晶体所特有的双折射性，这是各向异性的一种表现。各向异性是晶体区别于非晶体的重要特征。因为晶体内部的原子是周期性排列的，所以在晶体中不同的方向上具有不同的原子密度（见图 7-13），从而在不同的方向上具有不同的物理性质，即为各向异性。普通液体由于分子杂乱无序的热运动，各方向的平均物理性质是相同的，是各向同性的。这种白浊状液体虽然具有流动性，形态像是液体，但却体现出晶体的各向异性特征，是一种"有序液体"，显然，它是介于液体和晶体之间的一种新的物质存在形态，于是，莱曼称其为"液态晶体"，简称液晶。液晶和等离子态（电离化

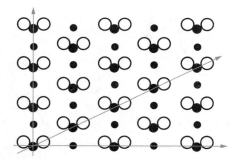

图 7-13　晶体的原子周期排列导致各向异性

的气体）一样，成为独立于固、液、气三态外的特殊物态。

液晶材料的类型

人们发现的液晶材料以小分子有机化合物为主，它们大多数是呈长棒状的分子，这些分子都有一定的排列取向，可以分成近晶型、向列型、胆甾型等不同的结构类型。近晶型液晶的分子排列就像一根根火柴放在火柴盒中一样。向列型液晶的分子排列有序度比近晶型差一些，就像火柴只顺着一个方向摆，但另一个方向长短并没有对齐一样。胆甾型则是一层一层地旋转着排列，呈一种螺旋式结构，如图 7-14 所示。

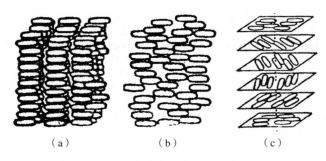

（a）　　　　　　　（b）　　　　　　　（c）

图 7-14　不同种类液晶的分子排列示意图
（a）近晶型；（b）向列型；（c）胆甾型

除了棒状分子外，后来人们又发现了呈圆盘状的液晶分子。现在，还研发出了高分子液晶材料。将液晶小分子连接到高分子的骨架上，使其继续保持液晶特性，这样就形成了高分子液晶。它兼具液晶和高分子的双重特性。从结构上来说，小分子单体液晶在外力作用下可以自由旋转，而高分子液晶则要受到相连接的聚合物价键的一定束缚。聚合物链的参与使高分子液晶具有许多单体液晶所不具备的性质，如超强的机械性能及弹性等，这些特性使其在机器人等领域具有潜在的应用前景。

液晶显示器

由于历史条件所限，液晶在发现之初并没有引起人们很大的重视，只是把它用在压力和温度指示器上。到了 20 世纪 60 年代，液晶的应用出现了转折点。当时，美国无线电公司的一个技术员乔治·海尔迈耶（George Heilmeier）将红色染料与液晶混合，夹在两片透明的导电玻璃基片之间，他发现，只要施加几伏电压，液晶层就会由红色变成透明态。这不就是平板显示技术吗？这种因外加电场引起液晶光学性质改变的现象称为液晶的电光效应。随后，他又发现了动态散射等一系列电光效应，并发明了液晶显示器（Liquid Crystal Display，LCD）。1968 年，美国无线电公司向世界公布了这项发明，这一成果迅速传遍世界，从此，液晶开始在显示领域崭露头角。

早期液晶工作温度都在 100℃以上，需要加热才能工作。1969年，人们开发出第一种室温液晶材料——对甲氧基苄叉对氨基丁苯（MBBA）。MBBA 是向列型液晶，分子呈棒状，长度约 2.5 nm，宽度约 0.5 nm（见图 7-15），在 21～47℃呈液晶态。这一发现进一步推动了液晶显示的应用。

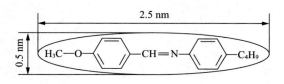

图 7-15　室温棒状液晶分子 MBBA

后来，人们又发现了扭曲效应、超扭曲双折射效应等各种电光效应，从而发明了薄膜晶体管液晶显示技术（Thin Film Transistor-liquid Crystal Display，TFT-LCD），从此，液晶显示器出现在人们生活中的每一个角落。

现在，人们已经开发出大量室温液晶材料，目前大多数液晶显示器用的都是向列型液晶。在两片平行的玻璃基板（参见第6章）之间注入厚度极薄的液晶层，两片玻璃上镀覆有许多垂直和水平的透明细小电线与外部电路相连，形成数以百万计的像素。加上外电场，液晶分子的取向会发生扭转，液晶的光学性质也相应变化，从而控制从玻璃后面射来的光线的明暗变化；撤去外电场，液晶分子的取向恢复原状。这样，在电路的控制下，可以改变液晶像素的排列状态，以达到遮光和透光的目的，从而显示出图像。再通过彩色滤光片，就可以显示出彩色视频画面。

有机发光二极管显示器

液晶显示器是靠调整背板发出的光在每一个像素位置上的透过率来显示图像，而一种新的显示器则是直接让每一个像素自己发光，这就是有机发光二极管（Organic Light Emitting Diode，OLED）显示器。

OLED属于电致发光器件，其发光的基本原理是有机材料在电场或电流的激发作用下发光。1979年的一天晚上，在美国柯达公司从事有机半导体研究的华裔科学家邓青云在回家的路上，忽然想起有东西落在了实验室，于是返回寻找。他回到实验室，还没有开灯，就发现在黑暗中有一个亮亮的东西，他很奇怪，走过去一看，原来是一块做实验用的有机太阳能电池在闪闪发光。平时要么是白天，要么是开着灯，他从来没注意过这个东西会发光，这个现象引起了他的兴趣，就此拉开了研究OLED的序幕。1987年，邓青云领导的研究团队发表了第1篇关于OLED的文章，这篇只有2页纸的文章立即引起科技界的关注。1989年，他又发表了另一篇论文，他在论文中公布，通过OLED技术，可以制造出色彩非常漂亮的显示器。10年后，第1台OLED显示器进入市场，邓青云也被誉为"OLED之父"。

OLED发光材料既有有机小分子材料，也有高分子材料。OLED器件的结构类似于"三明治"，每个像素点都由阴极、阳极和夹在中间的发光有机材料组成（见图7-16），当电极两端施加一定电压时，不同的有机发光材料发出不同颜色的光，依配方不同，可产生红绿蓝三原色，从而实现彩色显示。

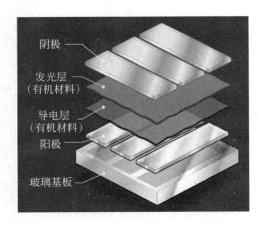

图7-16 OLED器件的结构示意图

OLED具有效率高、亮度高、驱动电压低、响应速度快、厚度超薄（可小于1 mm）及能实现柔性显示（可折叠、弯曲）等优点，有广阔的应用前景。

电池

电化学装置与电池

电化学是物理化学学科的一个分支。顾名思义，电化学就是研究与电相关的化学现象的科学。

1800 年伏打发明伏打电堆，这标志着电化学这门学科的正式诞生。人们很快就开始利用电池进行电解、电镀的研究，后来发现金属腐蚀也与电化学现象密切相关，这些都是电化学的主要研究对象。

电化学装置最基本的构成就是 2 个分离的电极和夹在其间的电解质。电极是电子导体，通过电子移动传送电流，常见的有金属、半导体、碳材料等；电解质是离子导体，通过离子移动实现导电，包括电解液、熔融盐、固体电解质等。

最基本的电化学装置有 2 类。一类是在两电极与外电路中的负载接通后，能够自发地将电流送到外电路中而做功，称为原电池，如图 7-17（a）所示；另一类是在两电极与外电路中的直流电源接通后，消耗外电源能量而强迫电流在体系中通过，称为电解池，如图 7-17（b）所示。原电池将化学能转变为电能，电解池则将电能转变为化学能。

当两个电极与外电路接通后，为使电化学系统运行，必须形成连接电子流和离子流的闭合电流回路。电子导体（电极）只能完成电子导电任务，而离子导体（电解质）只能完成离子导电任务，既然它们形成闭合回路，那么电极 / 电解质界面必然是电子和离子交换的地点，故会在

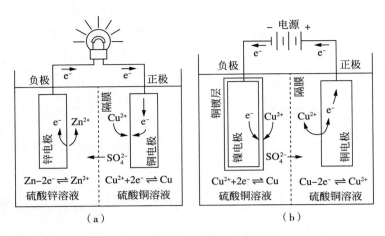

图7-17　两种最基本的电化学装置示例

（a）原电池（锌铜原电池）；（b）电解池（在硫酸铜水溶液中镀铜）

电极/电解质界面上发生有电子得失的电化学反应，而且，这两个电极一个失去电子，另一个得到电子，以维持电流的回路。

　　电池为什么能自发地产生电流呢？原来，它的两个电极之间存在着电势差，电势较高的称为正极，电势较低的称为负极。由于电势不同，用导线连接正、负极以后，负极的电子会自动通过导线流向正极，就像一个人站在楼顶，给他搭一条滑梯，他就会自动滑向地面一样[1]。随着放电的进行，两极间电势差逐渐减小，电子流动的推动力越来越小，放电就逐渐停止了。

　　商品化电池中常用的负极材料有金属 Zn、Pb、Cd、Li、Mg 等，但并非都是金属片，大多情况下用金属粉，或者先用金属氧化物粉末做

---

[1]　人站得越高，重力势能越大，在重力作用下，人会自发地从势能高处向势能低处运动。同理，正电荷会自发地从电势能高处向电势能低处运动，但是，电子带负电荷，所以它会自发地从电势能低处向电势能高处运动。

成电极，然后通过充电化成的方式转变成海绵状金属。正极材料一般采用半导体材料，如 MnO_2、AgO_2、PbO_2、$Ni(OH)_2$、$LiCoO_2$ 等。为了实现紧装配并防止内部短路，还要采用隔膜将正负极隔开。

锌锰干电池和碱性锌锰电池

相信读者朋友都用过五号电池、七号电池，大家对市面上售卖的一些电池品牌应该也是耳熟能详，那么，你知道这些电池都是用什么做成的吗？

这些电池都属于锌–二氧化锰（$Zn\text{-}MnO_2$）电池，这是以锌为负极、二氧化锰为正极的一个电池系列，根据电解液不同可简单分为中性锌锰干电池和碱性锌锰电池。锌锰电池成本低廉，使用方便，是我们日常生活中使用最广泛的电池。中国每年都会生产几百亿只锌锰电池。

1868 年，法国人勒克朗谢（Leclanche）采用 MnO_2 和碳粉作正极、锌棒作负极、氯化铵（NH_4Cl）溶液为电解液，放在玻璃瓶中，制成了世界上第 1 只锌锰电池，称为勒克朗谢电池，如图 7-18（a）所示。

后来，人们将电池结构进行改进，发明了锌锰干电池（也叫碳性电池），如图 7-18（b）所示。锌锰干电池直接把锌负极做成锌筒，这样负极就取代了玻璃瓶兼作电池的容器；然后用一层可吸湿电解液的浆层纸做成隔膜筒放在锌筒里；再把正极粉料（MnO_2 和碳粉）与电解液混合成糊状物，加到隔膜筒里，中间插一根炭棒以导出正极产生的电流。之所以叫干电池，是因为与勒克朗谢电池相比，电解液不再是明显的液态了，这样电池就可以任意角度放置了。

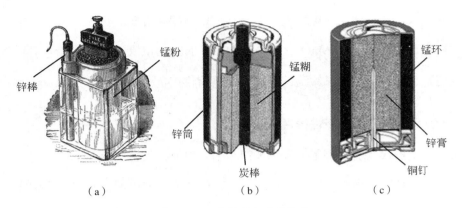

图7-18　三种锌锰电池的结构

（a）勒克朗谢电池；（b）锌锰干电池；（c）碱性锌锰电池

再后来，人们又对电池结构进行了重大改进，发明了碱性锌锰电池，如图7-18（c）所示。人们发现，把电极材料做成粉末，它与电解液的接触面积会大大增加，从而能大幅度提高利用率和大电流放电能力，因此，人们把负极由锌片换成了锌粉。另外，电解液也换成了导电能力更强的氢氧化钾（KOH）溶液。碱锰电池的外壳采用钢壳，将正极粉料压制成环状（称为锰环），将锰环放入钢壳使之紧贴壳体，然后将隔膜筒装入锰环中，将锌粉与KOH合成的负极锌膏注入其中，中间插一根铜钉以导出负极产生的电流。可见，碱性电池和碳性电池的结构是相反的，碳性电池负极在外，正极在里，碱性电池刚好相反。

锌锰电池的标称电压是1.5 V，随着放电的进行，电压逐渐减小，一般放到0.9 V左右就无法带动用电器工作了。电池能放出的电量称为容量，电池的容量取决于放电电流的大小，大电流放电放出的容量少，小电流放电放出的容量多。电池容量的单位常用安时（Ah）或毫安时

（mAh）来表示，比如用 1 安的电流放电 1 小时，放出的电量就是 1 Ah
或 1000 mAh。以五号电池为例，碱性电池在小电流持续放电时，放电
容量可达 1800～2400 mAh，是普通碳性电池的 5～7 倍，正所谓"一节
更比六节强"！

锂离子电池

小到手机、相机、笔记本电脑，大到电动自行车、无人机乃至电动
汽车，锂离子电池已经深入到我们的日常生活中。作为一种新型高能电
池，它有着其他电池无法比拟的优势，工作电压高达 3.2～3.8 V，能承
受极大的电流，可反复充放电循环使用。锂离子电池的出现，使人类进
入便捷的移动电力时代。

金属锂的电极电势很负，非常适合做电池的负极，但是它又会与水
反应，所以只能采用有机电解液。1972 年，美国化学家斯坦利·惠廷
厄姆（Stanley Whittingham）发现锂离子（Li^+）可以在层状结构的材料
二硫化钛（TiS_2）中可逆地嵌入和脱嵌，于是用 TiS_2 和金属锂做正极和
负极，开发出世界上第一个可充电金属锂电池，并于 1976 年获得专利。
但是，金属锂在充放电过程中易产生树枝状结晶，极易刺穿隔膜导致内
部短路，引起火灾或爆炸。因此，锂电池并没有普及开来。

1980 年，当时已经 58 岁的美国化学家约翰·古德诺（John
Goodenough）找到了另一种层状结构的材料——钴酸锂（$LiCoO_2$），它
也可以可逆地嵌入和脱嵌锂离子。对于锂离子电池来说，这是一种非常
合适的正极材料，但是，能取代金属锂的负极材料还没有找到。直到 5

年以后，才由日本科学家吉野彰找到了答案——层状结构的石墨类碳材料。由此，锂离子电池的基本框架得以确立。在充电的时候，锂离子从钴酸锂正极中脱嵌，嵌入负极石墨层间；放电的时候，锂离子再从石墨层中脱嵌，嵌入钴酸锂层间，如图 7-19 所示。1991 年，日本索尼公司推出了世界第一个商用锂离子电池，从此，锂离子电池进入了千家万户。

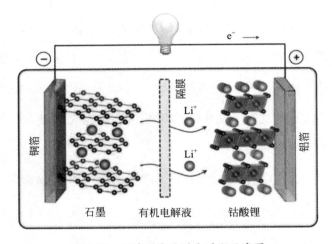

图 7-19　锂离子电池放电过程示意图

发现层状结构的 $LiCoO_2$ 以后，古德诺在正极材料的探索中并没有停下脚步，他又先后发现了尖晶石结构的锰酸锂（$LiMn_2O_4$）和橄榄石结构的磷酸亚铁锂（$LiFePO_4$），它们都是性能优异的锂离子电池正极材料。现在，人们又以这 3 种材料为基础，开发出大量正极材料。如图 7-20 所示为笔者合成的正极材料 $LiNi_{0.8}Co_{0.1}Mn_{0.1}O_2$ 的微观形貌示例。负极材料也在不断提高碳材料性能的基础上，开发出硅材料、硅碳复合材料等多种材料。

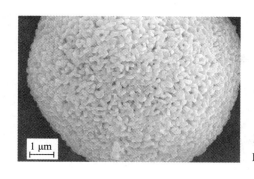

图 7-20 由细小晶粒构成的
$LiNi_{0.8}Co_{0.1}Mn_{0.1}O_2$ 球形颗粒

2019 年，锂离子电池的主要发明者古德诺、惠廷厄姆和吉野彰共同获得了诺贝尔化学奖，其中古德诺以 97 岁高龄成为史上最年长的诺奖得主，成为人们津津乐道的励志榜样。

锂离子电池一般有圆柱形和方形两种形状。圆柱形锂离子电池外观看起来和锌锰电池相似，但内部结构却完全不同。把钴酸锂粉末和黏结剂粉末在有机溶剂中混合，搅拌成浆，然后涂覆在铝箔表面，烘干使有机溶剂蒸发，这样钴酸锂粉末就被粘在铝箔上，从而得到正极极片。同理，使碳材料粉末粘在铜箔上，可以得到负极极片。正负极极片都非常薄，像纸一样可以卷起来，按正极片/隔膜/负极片/隔膜的顺序放好，就像卷卫生纸卷一样，紧紧卷绕成圆柱形，放到金属壳里，再经注入电解液、封口等工艺过程，就制成了圆柱形锂离子电池，其结构如图 7-21 所示。

圆柱形锂离子电池最常见的型号是 18650 电池，其中 18 表示直径为 18 mm，65 表示长度为 65 mm，0 表示为圆柱形电池。这种电池比我们常见的 5 号电池（直径 14 mm，长 50 mm）稍大一些。特斯拉早期某些型号的电动汽车就是采用 7000 多个 18650 电池，通过串联和并联的方式组成电池组模块，为汽车提供动力。

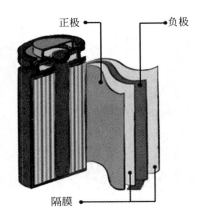

图 7-21　圆柱形锂离子电池的卷绕式结构

我们手机中使用的方形锂离子电池，既可以采用卷绕式结构，也可以采用叠片式结构。叠片式结构就像三明治一样，把许多正极片和负极片交叉叠放起来，中间夹上隔膜，然后把所有正极片连接在一起引出一个正接线柱，把所有负极片连接在一起引出一个负接线柱，整体用铝塑膜或金属壳封装起来即可。国内很多电动汽车的动力电源采用的都是大号方形电池组成的电池组模块。

电动汽车的动力电池组对单体电池的一致性要求非常高。单体电池的一致性越高，电池组模块运行的稳定性越好。在汽车行驶时，还要通过动力电池管理系统监控每一个单体电池的电压、电流、温度、荷电状态等各项指标，对电池组充放电进行智能管理，以保证所有电池的工作状态基本一致，出现问题能及时预警。

车用锂离子动力电池在过度充电或者电池短路时，有可能出现热失控，导致内部温度升高，而现有电池的有机电解液和隔膜在高温下易引燃，存在起火的隐患。现在，研究人员正在研发全固态锂离子电池，采用固态电解质取代现有电池的电解液和隔膜。固态电解质不易燃，能大大提高锂离子电池的安全性，是下一代锂离子电池的发展方向。

燃料电池

人们很早就发现，用电池电解水，可以把水分解，在负极和正极上释放出氢气和氧气（参见图 4-4）。那么反过来，逆反应是不是可行呢？也就是说，氢气和氧气能不能作为反应物质，分别在两电极上放电生成水，从而构成电池呢？

早在 1839 年，人们就实现了这个电解水的逆装置，到了 1889 年，世界上第一台氢氧燃料电池正式诞生，距今已有 100 多年的历史。所谓氢氧燃料电池，就是用氢气作为燃料，氧气作为氧化剂的电池体系。这种体系有个好处，就是只要源源不断地输送氢气和氧气，电池就能一直工作下去，不像普通电池，会有电量耗尽的时候。而且氧气可以直接使用空气，氢氧反应生成的产物是水，零污染、零排放、洁净环保。

如图 7-22 所示为用磷酸作为电解液的磷酸型燃料电池的工作原理示意图。放电的时候，氢气进入负极的气体扩散孔道，在催化剂作用下

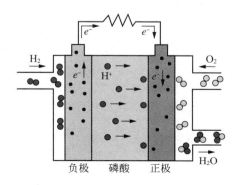

图 7-22　磷酸型燃料电池的
结构和工作原理

失去电子变成氢离子，氢离子通过电解液迁移到正极，与正极的氧气在催化剂作用下得到电子生成水。燃料电池的工作电压为 $0.9\sim1.0\ V$。

由于燃料电池单体电压较低，所以需要做成电堆的形式来提高整体电压，就像伏打电堆那样。常见的结构就是把气体扩散型氢电极、氧电极（常用碳纸并负载催化剂）与质子交换膜（能传导氢离子的隔膜）热压在一起，形成一个"氢电极/膜/氧电极"整体组件，简称为膜电极三合一组件，然后用刻有气体流场的导电隔板（称为双极板，多用石墨制成）一组一组隔开并堆叠起来（见图7-23），堆叠层数越多，电压就越高。

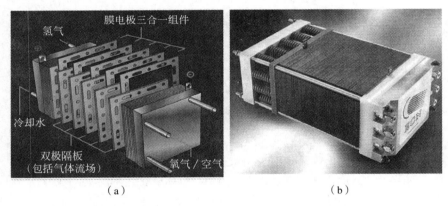

图 7-23　燃料电池
（a）燃料电池电堆结构；（b）装配好的燃料电池

燃料电池虽然原理比较简单，但想要商品化却非常困难。其原因就在于，氢气和氧气在电解液中的溶解度很小，很难大电流放电；而且反应需要用昂贵的金属铂做催化剂，成本非常高。虽然人们想尽办法想要寻找便宜的催化剂，但还是很难达到铂的效果。

由于氢气难以存储和运输，人们开发出直接使用甲醇作为燃料以取代氢气的直接甲醇燃料电池。此外，人们还研制出多种类型的高温燃料电池，比如在 600～700℃ 下工作的熔融碳酸盐燃料电池和在 800～1000℃ 下工作的固体氧化物燃料电池。高温燃料电池可以直接使用天然气、煤气作为燃料，可以作为小型发电厂来建设和使用。

化学与生命

人体内的元素

目前，在人体内，已经发现了 60 多种元素，按体内含量的高低可分为常量元素和微量元素。

常量元素指含量占人体总质量 0.01% 以上的元素，从高到低依次是：氧（O, 65%）、碳（C, 18%）、氢（H, 10%）、氮（N, 3%）、钙（Ca, 1.5%）、磷（P, 1%）、钾（K）、硫（S）、钠（Na）、氯（Cl）、镁（Mg），这 11 种元素共占人体总质量的 99.95%。

因为人体中水含量达到体重的 65%～70%，所以 O 和 H 的含量很高。O、C、H、N、P、S 是蛋白质、脂肪、糖和核酸的主要成分；Cl、K、Na、Ca、Mg 则是血液和体液以及许多重要生化、代谢过程的必需组分。

微量元素指占人体总质量 0.01% 以下的元素，如铁（Fe）、硅（Si）、锌（Zn）、铜（Cu）、碘（I）、溴（Br）、锰（Mn）等，它们占人体总质量的 0.05% 左右。尽管微量元素在体内的含量很小，但它们大都是生物体内酶的活性中心，在生命活动中具有十分重要的作用。

碳基生命

由于 C 和 Si 都能形成 4 个共价键，成键数目多；且它们的价电子数（4 个）与价轨道数（4 个）刚好相等，成键能力强，因此，C 统治了有机世界，而 Si 则统治了无机世界。C 在地壳中含量不高，排在所有元素的第 17 位，但是 C 原子强大而丰富的成键能力使它成为地球上全部生命物种的主要物质基础。O 和 Si 作为地壳中含量最多的两种元素，Si—O 键的键长短，键能大，因此，由硅氧四面体 $[SiO_4]$ 组成的 SiO_2 以及硅酸盐矿物极其坚固，几乎覆盖了整个陆地表面。

碳是有机物分子的基本骨架，碳与碳之间可以形成稳定的化学键，这就使得碳化合物可以形成稳定的长链，每个碳原子最多可以形成 4 个化学键，于是主链上又可以生出很多支链，而生命主要就是由这些长链分子（如蛋白质、糖类物质、DNA 等）组成的，因此，碳被誉为"生命的元素"。

就拿我们耳熟能详的蛋白质来说，蛋白质是由大量氨基酸分子通过一种叫肽键的化学键连成的长链大分子，生物体内几乎一切最基本的生命活动都与蛋白质有关。

人体中共有 20 种氨基酸，它们是构成蛋白质的基本单位，如图 7-24 所示为氨基酸的结构通式以及几种简单氨基酸的结构式。2 个氨基酸分子脱去 1 个水分子，就能形成肽键连接在一起。大量氨基酸通过肽键按一定顺序连接起来就构成了蛋白质最基本的结构（也叫一级结构）。氨基酸排列顺序是由基因上的遗传密码决定的。

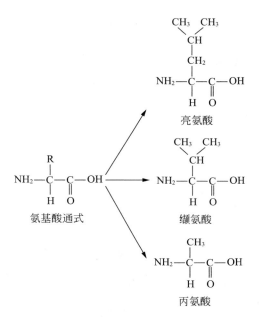

图 7-24　氨基酸通式以及几种简单氨基酸的结构

蛋白质的一级结构以一定的方式折叠、盘绕，就构成了二级结构。然后在各种二级结构的基础上进一步盘曲或折叠就能形成具有一定规律的三维空间结构，称为三级结构。2 条或 2 条以上的三级结构再通过次级键组合成四级结构，这就是蛋白质了。蛋白质的各级结构如图 7-25 所示。

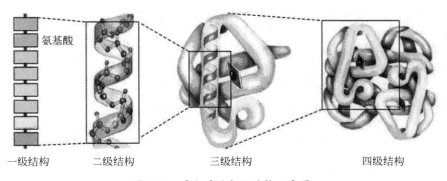

图 7-25　蛋白质的各级结构示意图

人类的遗传密码 DNA（脱氧核糖核酸，参见图 1-3）也是碳基长链大分子。可以说，没有碳就没有地球生命，因此，地球生命被称为"碳基生命"。

氢键与生命

我们知道，水分子之间容易形成氢键，冰就是水分子通过氢键连接而成的固体（参见图 5-19）。俗话说，水是生命之源，氢键和生命之间也存在着千丝万缕的联系。

氢键是一种很弱的化学键，也是一种主要存在于分子之间的作用力，键能不到一般共价键的 10%，但是，它却是生命现象中很重要的一种键合作用。例如，蛋白质的结构能保持稳定，氢键起很大作用；而 DNA 的 2 条长链，直接就是靠氢键连接在一起的。

研究表明，DNA 链上有两种碱基，一种是双环的嘌呤，包括腺嘌呤（A）和鸟嘌呤（G）；另一种是单环的嘧啶，包括胸腺嘧啶（T）和胞嘧啶（C）。2 条长链的碱基通过互补配对连接在一起，A 只能和 T 配对，G 只能和 C 配对。为什么不会配错呢？原因就在于氢键，A 和 T 正好能形成 2 个氢键，G 和 C 正好能形成 3 个氢键，如图 7-26 所示。这种配对就像拼图一样，拼错了是扣不进去的，所以不会配错。

在图 7-26 中，用方框框起来的 N—H…O 和 N—H…N 就是氢键。氢键常用 X—H…Y 来表示，其中 X 和 Y 主要是 N、O、F 等原子，如冰中的氢键是 O—H…O。由于 H 原子只有一个电子，而 N、O、F 等原子吸引电子能力又很强，所以 X—H 中的 H 原子带有部分正电荷，容易被带有负电荷的 Y 原子吸引形成氢键。不过，氢键并不像离子键一样可以任意方向成键，它就像共价键一样，是有方向性和饱和性的。

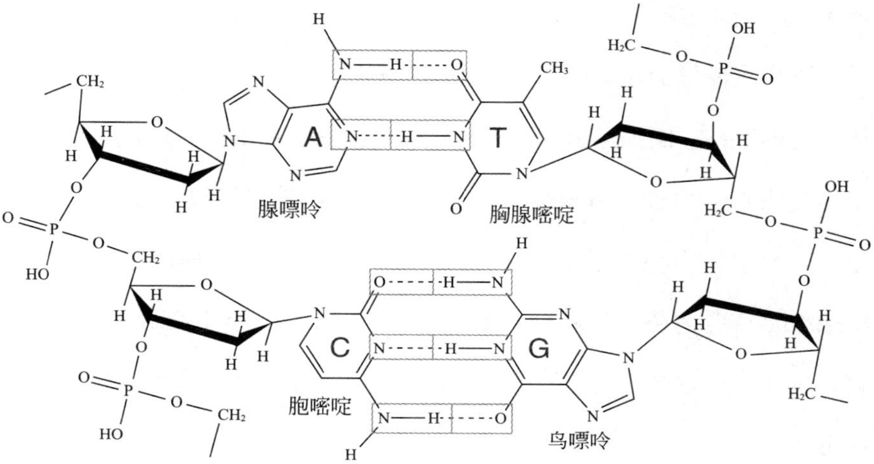

图7-26　DNA两条长链上的碱基通过氢键配对

　　人们虽然对氢键有一定的认识，但还不敢说已经完全解开了它的秘密，它在生命体中的作用，未来还需要继续探索。

叶绿素与血红素的神秘联系

　　植物的叶子是绿色的，因为含有叶绿素；动物的血是红色的，因为含有血红素。这两种物质分别在植物王国和动物王国构成了最基本的生命过程：一个服务于植物的光合作用，一个致力于动物的有氧呼吸。叶绿素在植物体内吸收大气中的 CO_2，在阳光的照射下将它转化成有机物并储存能量，同时释放出 O_2，完成光合作用；血红素则是将呼吸进来的 O_2 输送到动物的各个组织和器官，供代谢过程中氧化反应之需，最终把食物转化为能量并释放出 CO_2。

靠着这一红一绿两种色素，动物和植物延续着生命过程。一个奇妙的现象是，血红素使 O_2 变成 CO_2，叶绿素则使 CO_2 变成 O_2，保证了地球大气的碳–氧平衡。这是大自然的巧合吗？

更令人惊异的巧合还在后面，人们发现，叶绿素与血红素的分子结构极为相似，它们都是由相同的母体化合物——卟啉衍生而成。而从分子结构来看，两者都有一个卟啉环，只是中心原子不同。如图 7-27 所示，叶绿素的中心原子是镁（Mg），血红素的中心原子是铁（Fe）。植物缺 Mg 会患枯黄病，动物缺 Fe 会患贫血病。一个中心原子的差别，就会带来化学性质如此奇妙的变化，真是不得不让人感叹大自然造物的神奇。

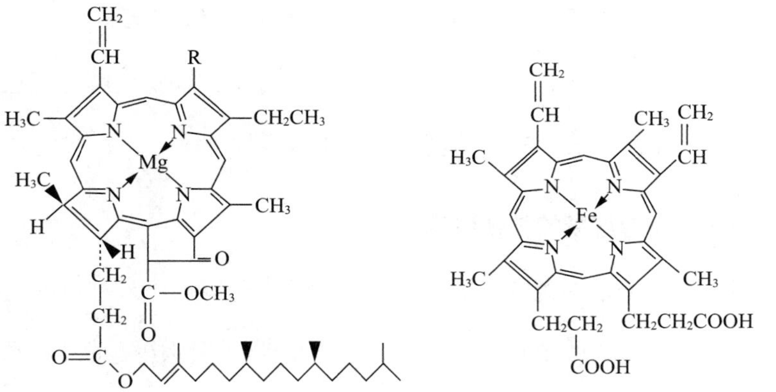

图 7-27　叶绿素与血红素的分子结构图（Mg 和 Fe 外围由 4 个小环构成的大环就是卟啉环。）

（a）叶绿素；（b）血红素

超分子化学与生命现象

有机化学创建以后，人们的研究对象主要集中在分子通过共价键的断裂与形成而发生的转变上，而始终没有重视分子间非共价键的弱相互作用。

20世纪30年代，"超分子"一词开始出现，但被化学界认可并受到重视却是50年代之后的事情。1987年，诺贝尔化学奖授予了超分子化学的研究，标志着化学的发展进入了一个新的时代，超分子化学的重要意义也因此才被人们真正认识到。

所谓"超分子"，指由2个或2个以上的分子通过分子之间的弱相互作用嵌合或组装起来的分子集合体。超分子化学就是研究超分子的化学，也就是研究由分子构建分子集合体的化学，是"超越分子层次的化学"。与之相对，之前研究的化学可以称为分子化学，即由原子构建分子的化学。由多个分子组装的超分子复杂有序且具有特定功能，这使人们认识到分子已不再是保持物质性质的最小单位。就像你拿一堆零件组装了一辆自行车，自行车成为一个整体，具有了超越零件的新的特殊功能。

超分子中涉及的分子间的弱相互作用和化学键不同，它的强度比化学键弱得多，大约是共价键的5%~10%，常见的有氢键、范德华力、偶极-偶极相互作用、亲水-疏水相互作用、π-π堆积、金属离子配位键及它们之间的协同作用。而且，分子与分子之间的嵌合或组装有高度的选择性和匹配性，就像锁和钥匙一样。这种高度选择性可称为"分子识别"，通过分子识别，可以实现"分子自组装"，从而形成超分子体系。

超分子化学对于研究生命科学具有重要的意义。在生物体系中存在着广泛的分子识别，酶和底物之间、基因密码的转录和翻译、细胞膜的选择性吸收等都涉及分子识别。例如，前面提到的叶绿素与血红素都属于金属卟啉配合物。研究发现，卟啉可以和多种金属形成配合物。金属卟啉配合物是识别能力很强的主体分子，可对多种客体分子（如氨基酸、核苷和糖类等）进行识别，研究这个识别过程对了解生命体中各种细胞之间的相互作用具有重要意义。

生命的化学进化理论

1922 年，苏联生物化学家奥巴林（Oparin）提出了关于早期生命起源的推测。他推测那时的原始大气富含甲烷、氨气、氢气、水蒸气等，基本上没有氧气，闪电放电的电能、火山爆发的热能都可能引起原始大气的化学反应，生成简单的有机化合物。这些有机物溶于远古的海洋，随着时间推移，部分会缔合成更大的复合体，然后进一步演化成为最早的细胞的前体。

1953 年，美国学者米勒（Miller）在实验室中模拟了奥巴林的理论。他用一个火花放电装置处理甲烷、氨气、氢气和水蒸气的混合物，果不其然，在实验所得的气相中出现了 CO_2、CO、N_2，水相中出现了氨基酸、羟基酸、醛和氰化氢。这样的结果显示，有机生物分子可以在原始大气条件下被合成出来，如图 7-28 所示。

目前，利用各种形式的能量（热、紫外线、γ 射线、超声波、振荡及 α、β 粒子轰击），已从原始大气中合成出几百种有机化合物，包括组成蛋白质的 20 种氨基酸、参与核酸组成的 5 种碱基、脂肪酸及各

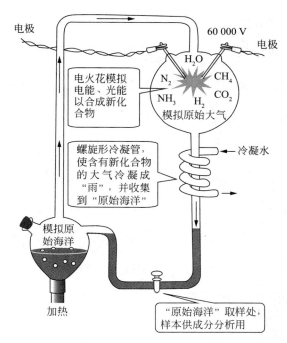

图 7-28 米勒的火花放电装置

种单糖等。另外，至今发现的所有生物大分子都是由一套相同的（约30 种）构件分子构成。这 30 种基本构件包括 20 种氨基酸、5 种碱基、2 种单糖、1 种醇、1 种脂肪酸和 1 种胺。这一事实表明，现代生物体可能都是由同一个原始细胞系遗传而来。这些发现都为化学进化理论提供了更多的证据。

化学与地球

元素的起源

138 亿年前，在茫茫的虚无中，既没有时间，也没有空间，这是一种什么状态，我们不得而知，突然间，一个奇异的甚至奇怪的点出现了，没有人知道它是如何出现的，也许可以归因于一次真空能量涨落。这个点的密度大到不可想象、温度高到不可想象、体积小到几乎为零。一瞬间，它就开始急剧膨胀，大爆炸发生了！宇宙诞生了！我们实在无法想象宇宙的诞生过程，也许只能用"无中生有"来描述它了。

根据宇宙大爆炸理论，宇宙在大爆炸之后不到 1 s 内，就出现了电子、质子和中子。30 min 时，中子基本上都和质子结合为氦原子核，剩余的质子就是氢原子核。几十万年后，电子开始被原子核俘获，形成稳定的原子，这个阶段形成的元素主要是氢和氦，除此之外，还有极微量的锂、铍、硼、碳等原子序数小于 6 的元素。

10 亿年后，宇宙中充满了由氢原子和氦原子组成的星际气体，然后逐渐演化成恒星。在恒星内部发生的是轻原子核聚合成为较重原子核的热核反应，首先是氢核聚变成氦核，然后大质量恒星的氦核会聚变产生碳、氧等更重的元素，然后更大质量的恒星会继续聚变合成更重的元素，但这个核聚变链条到铁元素就终止了！

铁的生成对于恒星来说是一场灾难，因为任何由铁原子核生成更重原子核的反应都需要吸收热量，因此，恒星中心铁核将不再产生热能，这样，恒星会因为核心失去支撑而极速坍缩，发生剧烈的核爆炸，称为超新星爆发。超新星爆发是宇宙中最剧烈的爆炸，大恒星这种绚丽的死亡方式所释放的能量超过太阳在 100 亿年中放出的能量总和的 100 倍，如此巨大的能量会在一瞬间聚变出宇宙中所有的元素，这就是重元素的来源！

2017 年，科学家们通过对一次双中子星合并的观测证实，双中子星碰撞会抛射出大量物质，抛射过程中部分物质会发生核合成反应形成重元素。因此，宇宙中的重元素又多了一个来源。人类对宇宙的探索是没有止境的，相信随着宇宙学的不断深入研究，元素的起源还会有新的发现。

地球中化学元素的来源

随着恒星的不断形成和死亡，宇宙的年龄来到了 90 亿岁，这时候的宇宙已经膨胀得非常巨大，简直无边无际。在一个不起眼的角落里，在一团巨大的分子星云当中，一个不大不小的恒星诞生了，这就是太阳。

关于太阳系的起源与演化，人类到现在也没搞清楚，科学家们提出了 40 多种理论，众说纷纭，莫衷一是。比较流行的学说认为，太阳诞生的原始星云中，虽然还是以氢和氦为主，但里边裹挟着无数超新星爆发飘来的星尘，92 种化学元素或多或少都能找到一些。太阳强大的引力把星云中大部分物质都吸到了自己的身体里，只剩下少部分残留的陨石、星尘绕着太阳旋转了起来，它们中的大块头又把周围物质吸引聚集在一起，从而形成各大行星，其中就包括地球。

还有一种有趣的学说认为，地球是太阳系的天外来客。太阳形成后又过了上千万年，不知道是哪个超新星爆发产生的大量碎块进入了太阳系，这些碎块的主要成分是铁，其中有一块特别巨大，它被太阳引力捕获后绕着太阳旋转起来，同时它又把周围的小陨石、星尘吸到自己身上，经过数亿年的演化，地球形成了！

总之，地球的来源到现在还是一个未解之谜，但是，我们能肯定的是，我们的星球和我们的身体都由超新星爆发等剧烈的天体活动抛撒在太空中的星尘提供的元素组成。我们可以自豪地说：人类，是星星的后裔。

地球中元素的丰度

地球具有各种物理和化学属性。地球的物理属性包括大小、空间、形状、密度、电性、磁性、引力、运动等，研究地球这些物理属性的学科叫地球物理。地球的化学属性包括化学元素及其化合物的组成、含量、分布、变化等，研究地球化学属性的学科叫地球化学。

地球从内到外由地核、地幔和地壳组成。地壳平均厚度约 17 km，地壳的质量只占整个地球的 0.4%；地幔厚度约为 2883 km，占整个地球质量的 68%；地核半径约为 3471 km，占整个地球质量的 31.6%。地球元素丰度很难精确确定，现有研究表明，整个地球中 Fe（35%～40%）、O（27%～30%）、Mg（11%～17%）、Si（13%～15%）4 种元素占了总质量的 90% 以上。

按元素质量百分比丰度排列，地球、地幔和地壳中主要的 10 种元素的分布顺序由大到小是：

地球：Fe、O、Mg、Si、Ni、S、Ca、Al、Co、Na；

地幔：O、Mg、Si、Fe、Ca、Al、Na、Ti、Cr、Mn；

地壳：O、Si、Al、Fe、Ca、Na、K、Mg、Ti、H[①]。

地壳中元素含量见图 7-29。地壳中的岩石、沙子、土壤的主要成

---

① 不同学者对 H 和 Ti 的含量估算有出入，个别学者认为 H 比 Ti 含量高。

分是硅酸盐和二氧化硅，故氧和硅含量居地壳之首。

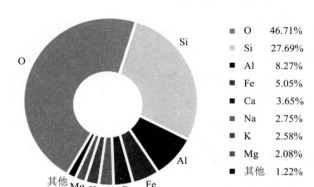

■	O	46.71%
■	Si	27.69%
■	Al	8.27%
■	Fe	5.05%
■	Ca	3.65%
■	Na	2.75%
■	K	2.58%
■	Mg	2.08%
■	其他	1.22%

图 7-29 地壳中元素含量

早期人们认为地核是由 Fe、Ni 合金组成的，但是近年来又有学者提出铁硫地核和铁硅地核等不同观点。所以目前认为地核的主要组成元素是铁，还有镍、硅、硫等元素。

恐龙灭绝原因的地球化学证据

在 6500 万年前的白垩纪末期，统治地球达 2 亿年之久的恐龙突然大灭绝，其原因成为一大未解之谜。

化学元素变化对重大地质事件的响应很灵敏，这为生物灭绝等重大地质事件提供了科学依据。1980 年，美国科学家发现，在白垩系-古近系界面黏土层中，铱元素的含量竟高出地壳正常含量 30 倍以上。铱是 77 号元素，这种元素要么来自于陨石，要么来自于地幔，而发现的高铱含量地层属于沉积层，这就排除了地幔来源，那只能是来自于地球以外。据此科学家们推测，在白垩纪末期，大约在 6600 万年前，一颗直径约 10 ~ 15 km 的小行星撞上了地球，产生的巨大尘埃云遮盖地球达数月之久，植物无法生长，由于食物短缺，造成恐龙整体灭绝。中国的科学家也在云南的白垩系-古近系界面发现了高浓度铱，其浓度是上、下地层的 20～40 倍。这种异常的铱高浓度不可能是地球本身存在的，只有在陨石中才能找到，从而为小行星撞击地球造成恐龙灭绝的观点提供了证据。

碳循环与全球气候变化

现在全球大气中各组分的体积百分含量为：氮气 78%、氧气 21%、氩气 0.9%、二氧化碳 0.038%。碳的含量在工业化时期之前非常低，在 1800 年以前只有 0.018%～0.028%，现在增加到 0.038%，人们认为是由于人类大量燃烧化石能源造成大气中二氧化碳含量增加。但对于二氧化碳浓度增高是否会造成全球变暖，目前仍存在争议。常见的说法是二氧化碳会导致温室效应，但如果放在整个地球历史时期去考察，二氧化碳浓度与温度高低并没有必然联系。前寒武纪二氧化碳浓度为 1.2%，石炭纪为 0.7%，侏罗纪为 0.15%，更新世时为 0.035%。如果按现在的推论，寒武纪温度理应特别高，但恰恰当时整个地球都被冰雪覆盖。

目前对于地球出现周期性冷暖变化，有一种解释认为地球冰期循环是由于地球轨道变化引起的。科学家们根据南极洲的冰层钻探结果，研究了过去 42 万年大气和气候变化的历史记录，涵盖了最近的 4 个冰期，发现平均变化周期为 10 万年，这与地球公转轨道的偏心率变化周期相一致。当地球公转轨道由近圆形变成椭圆形，而地球位于椭圆形两端时，离太阳最远，接受的太阳辐射最小，地球就会处于冰期。

　　碳元素在自然界中的循环转化过程，称为碳循环。CO_2 是碳循环中的一种重要物质，碳循环的主要形式是伴随的光合作用和动植物呼吸的过程而进行的（见图 7-30）。大气中的 CO_2 和 H_2O 通过植物的光合作用转化成糖类；植物在呼吸中，又有 CO_2 返回到大气中；当植物被动物采食后，糖类被动物吸收并在体内氧化产生 CO_2，动物在呼吸时便将 CO_2 释放回大气。此外，海水也能吸收部分 CO_2。需要注意的是，大量动植物死亡后，沉积在地下形成煤、石油和天然气等物质，便暂时离开了碳循环，而当人们将这些物质作为能源开采出来加以利用时，它们的燃烧产物 CO_2 便又返回大气中，重新进入碳循环系统。

植物光合作用

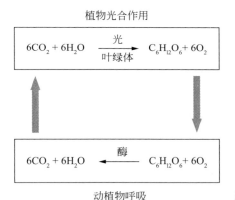

图 7-30　碳循环过程中的化学反应

动植物呼吸

　　大自然以其神奇的力量调控着碳循环，植物通过光合作用从大气中吸收碳的速率，与生物通过呼吸作用将碳释放到大气中的速率大致相等，使大气中的 CO_2 含量在复杂的变化中保持相对稳定。

　　元素是地球的"基因"，地球上所有生命和非生命都是由化学元素组成的。地球曾经和现在发生的一切自然事件都可以找到化学元素及其同位素的独特记录和指示。现在人们对地球的认识还相当有限，如果能像绘制人类基因图谱一样，绘制出地球化学元素基因图谱，那时候，就能逐步解开岩石圈、土壤圈、水圈、生物圈和大气圈相互作用的密码，乃至破解地球的起源之谜。让我们拭目以待吧！

参考文献

[1] 张家治. 化学史教程 [M]. 3 版. 太原：山西教育出版社，2005.

[2] 汪朝阳，肖信. 化学史人文教程 [M]. 北京：科学出版社，2010.

[3] 赵匡华. 中国古代化学 [M]. 北京：中国国际广播出版社，2010.

[4] 田荷珍. 中国古代化学 [M]. 北京：北京科学技术出版社，1995.

[5] 中国科学技术史学会. 中国化学学科史 [M]. 北京：中国科学技术出版社，2010.

[6] 张文朴. 中国古代陶瓷 [M]. 北京：北京科学技术出版社，1995.

[7] 中国科学院自然科学史研究所. 中国古代科技成就 [M]. 北京：中国青年出版社，1978.

[8] 宋迪生，宋湘. 青铜·古墓·金丹术：古文物中的化学奥秘 [M]. 长沙：湖南教育出版社，1998.

[9] 张国庆. 刀光剑影：古代兵器史 [M]. 沈阳：辽海出版社，2001.

[10] 中国科学院自然科学史研究所. 中国古代重要科技发明创造 [M]. 北京：中国科学技术出版社，2016.

[11] J R 柏廷顿. 化学简史 [M]. 胡作玄，译. 北京：中国人民大学出版社，2010.

[12] 周公度. 化学是什么 [M]. 2 版. 北京：北京大学出版社，2019.

[13] 凌永乐. 化学元素的发现 [M]. 3 版. 北京：商务印书馆，2009.

[14] 彼得·阿特金斯. 周期王国 [M]. 张瑚，张崇寿，译. 上海：上海科学技术出版社，2007.

[15] 桜井弘.元素新发现：关于 111 种元素的新知识 [M].修文复，译.北京：科学
      出版社，2006.

[16] 周公度.元素周期表 [M].北京：化学工业出版社，2006.

[17] 李绍山，王斌，王衍荷.化学元素周期表漫谈 [M].北京：化学工业出版社，
      2011.

[18] 周嘉华，张黎，苏永能.世界化学史 [M].长春：吉林教育出版社，2009.

[19] 沙国平，张连英.化学元素的发现及其命名探源 [M].成都：西南交通大学出
      版社，1996.

[20] 林承志.化学之路——新编化学发展简史 [M].北京：科学出版社，2011.

[21] 李淑芬，王成扬，张毅民.现代化工导论 [M].北京：化学工业出版社，2011.

[22] 戴金辉，柳伟.无机非金属材料工学 [M].哈尔滨：哈尔滨工业大学出版社，
      2012.

[23] 周戟.新材料产业 [M].上海：上海科学技术文献出版社，2014.

[24] 付华，张光磊.材料科学基础 [M].北京：北京大学出版社，2018.

[25] 曾谨言.量子力学教程 [M].北京：科学出版社，2003.

[26] 马毅龙，沈倩，金香.现代化学功能材料及其应用研究 [M].北京：中国水利
      水电出版社,2015.

[27] 张骥华，施海瑜.功能材料及其应用 [M].2 版.北京：机械工业出版社,2017.

[28] 齐宝森，张琳，刘西华，等.新型金属材料——性能与应用 [M].北京：化学
      工业出版社，2015.

[29] 周嘉华，李华隆.大众化学化工史 [M].济南：山东科学技术出版社，2015.

[30] 张娟.宝石学基础 [M].武汉：中国地质大学出版社，2016.

[31] 徐宝财.日用化学品——性能、制备、配方 [M].2 版.北京：化学工业出版社，
      2008.

[32] 李和平. 精细化工工艺学 [M]. 3 版. 北京：科学出版社, 2014.

[33] 强亮生，徐崇泉. 工科大学化学 [M]. 2 版. 北京：高等教育出版社, 2009.

[34] 沃尔什 G. 生物制药学 [M]. 宋海峰，等译. 北京：化学工业出版社, 2006.

[35] JIE J L. "重磅炸弹" 药物——医药工业兴衰录 [M]. 张庆文，译. 上海：华东理工大学出版社, 2016.

[36] 陈代杰，戈梅. 生物产业 [M]. 上海：上海科学技术文献出版社, 2014.

[37] 北京化工学院化工史编写组. 化学工业发展简史 [M]. 北京：科学技术文献出版社，1985.

[38] 《屠呦呦传》编写组. 屠呦呦传 [M]. 北京：人民出版社, 2018.

[39] 马金石，王双青，杨国强. 你身边的化学——化学创造美好生活 [M]. 北京：科学出版社，2011.

[40] 林新杰. 神奇扑朔的化学宫殿 [M]. 北京：测绘出版社，2014.

[41] 江家发. 现代生活化学 [M]. 芜湖：安徽师范大学出版社，2013.

[42] 郭永洰. 生命与化学：探索史话 [M]. 大连：大连理工大学出版社，2013.

[43] 王镜岩，朱圣庚，徐长法. 生物化学教程 [M]. 北京：高等教育出版社, 2008.

[44] 大卫·E. 牛顿. 触不到的化学 [M]. 陈松，等译. 上海：上海科学技术文献出版社，2019.

[45] 王学求，吴慧. 化学元素：地球的基因 [J]. 国土资源科普与文化, 2018, 16(3): 4-11.

[46] 高鹏. 给青少年讲量子科学 [M]. 北京：清华大学出版社, 2022.

[47] 孙亚飞. 给青少年讲物质科学 [M]. 北京：清华大学出版社, 2022.

[48] 施普林格·自然旗下的自然科研. 自然的音符：118 种化学元素的故事 [M]. Nature 自然科研，编译. 北京：清华大学出版社, 2020.